U0895739

◀

阿尔弗雷德·阿德勒（Alfred Adler，1870—1937），个体心理学的创始人，人本主义心理学的先驱，现代自我心理学之父。

▲ 第一次世界大战中，阿德勒在奥国军队担任军医。

◀

阿德勒的女儿内丽，照片拍摄于奥地利的乡间别墅。

阿德勒与女儿亚历山德拉和儿子科特。四名子女中只有亚历山德拉和科特后来成为阿德勒学派的心理学家。

▼

◀

阿德勒与个体心理学家苏菲·拉扎斯菲尔德及朋友们在一起。

▶

弗洛伊德为荣格庆祝生日，两人维持了六年的友谊。但到1912年后，两人的私人关系完全破裂。

◀

阿德勒在斯堪的纳维亚发表演讲。

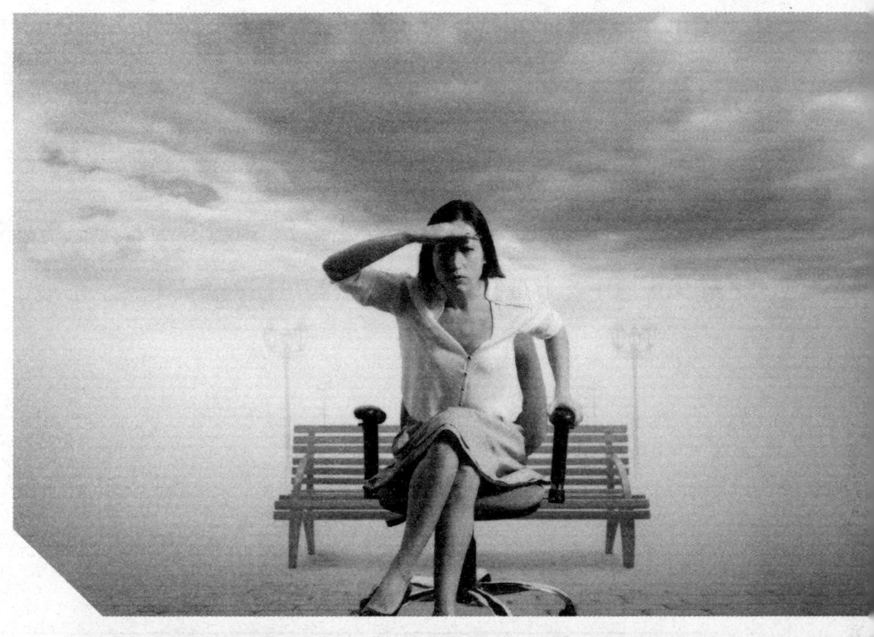

你一定要知道的人性

揭开人类内心隐私的心理学经典

[奥] 阿尔弗雷德·阿德勒 著
徐 珊 译

南海出版公司
2015·海口

图书在版编目(CIP)数据

你一定要知道的人性 /(奥) 阿德勒著 ; 徐珊译. —海口 : 南海出版公司, 2015.1

ISBN 978-7-5442-7205-6

Ⅰ.①你… Ⅱ.①阿… ②徐… Ⅲ.①个性心理学 Ⅳ.①B848

中国版本图书馆 CIP 数据核字(2014)第 136741 号

NI YIDING YAO ZHIDAO DE RENXING

你一定要知道的人性

作　　者 [奥]阿尔弗雷德·阿德勒

译　　者 徐　珊

责任编辑 张　媛　雷珊珊

装帧设计 久品轩

出版发行 南海出版公司　电话：(0898)66568511(出版)　65350227(发行)

社　　址 海南省海口市海秀中路51号星华大厦五楼　邮编：570206

电子信箱 nhpublishing@163.com

经　　销 新华书店

印　　刷 北京彩虹伟业印刷有限公司

开　　本 880毫米×1280毫米　1/32

印　　张 9.25

字　　数 226千

版　　次 2015年1月第1版　2015年1月第1次印刷

书　　号 ISBN 978-7-5442-7205-6

定　　价 32.80元

译者序

阿尔弗雷德·阿德勒（Alfred Adler）是奥地利现代著名的心理学家、精神分析学家和社会教育家，人本主义心理学的先驱，同时他也是精神分析学派内部第一个反对弗洛伊德心理学体系的人。他所开创的“个别心理学”，在心理学界独树一帜，对后来西方心理学的发展具有重要意义，荣格、霍妮、弗洛姆、沙利文、罗洛·梅、罗杰斯等著名心理学家都不同程度地受到他的影响。直到今天，在心理学领域和神经精神病领域，仍有不少人沿用阿德勒的理论和方法进行研究和治疗。至于他所提出的自卑情绪、补偿机制、权力追求等概念，更是深深地渗透到现代西方文化和一般人的科学常识之中。

1870年2月17日，阿德勒出生于奥地利维也纳郊区的一个富裕家庭，但是他却认为他的童年生活并不快乐，因为他是一个直到4岁才会走路的体弱多病的儿童。他的父亲鼓励他说：“阿德勒，你绝不能相信眼前的一切。”这是告诉他，不能让眼前的困境束缚住自己，不能相信当下的困难就是他的一生，而要勇于突破，大胆地去创造自己的生活。这种坚强的信条造就了阿德勒一生的成就。

1907年，阿德勒发表了有关由缺陷引起的自卑感及其补偿的论文，这使其声名大噪。1912年，阿德勒在其《神经病的形成》一书中提出他的新心理学。新心理学包含了他的大多数主要概念。1918年，他引进了“社会兴趣”这一概念。社会兴趣，同克服自卑感一起，成为阿德勒最重要的概念——心理健康的标准。为了心理病理学的传播，阿德勒多次到美国为大量的听众讲课。1932年，他成为长岛医学院心理学教授。1934年，他定居纽约。1937年5月28日，阿德勒因心脏病逝世于苏格兰的阿伯丁。

阿德勒终其一生都在关注着人的成长和社会教育，并以此作为他工作的动力。1919年，他在维也纳的学校系统中创办了第一所儿童指导诊所，随后，在他的倡导下又有30多所儿童指导诊所。他和他的学生们为此做出了巨大的牺牲，他们不要任何报酬地从事儿童的心理指导和实验观测，在帮助儿童健康成长的同时，取得了大量第一手资料和心理治疗的成果。在进一步感受到心理指导和心理教育也应普遍地面向成人后，阿德勒开始在维也纳人民学院的露天讲坛面向公众进行心理学讲演，并十分温和且耐心地回答人们向他提出的无数问题。阿德勒每周一次的讲演持续了整整一年，讲稿汇集起来并加以整理加工，汇编成册，就成了摆在我们面前的这部著作——《你一定要知道的人性》。

本书分为“人的行为”和“性格科学”两大部分。作者用简明通俗的语言介绍了个体心理学的基本原理，并运用这些心理学的原理，对人的性格进行了科学的剖析，着重强调了人的社会性和社会感，强调了个人的人生观和价值观在形成性格的过程中所起的作用。旨在帮助普通人正确理解人性，更好地处理日常关系，减少生活行为中的错误，共同致力于社会和社区生活的和谐发展。本书倾注了作者对人的爱心与关注，其基本观点建立在作者多年从事心理治疗、社会教育所积累的大量实际观测与调查的基础之上，因此具有极强的可读性和积极的现实意义。

原作者序

本书的写作目的在于让人民大众对个体心理学的基本原理有一定的了解。与此同时，阐述这些基本原理的实际应用，从而帮助大众合理地处理日常生活中所面对的各种关系——既包括人们与世界的关系，也包括人们与其同伴的关系，而且还包括人们与涉及个人的组织的关系。本书的写作是根据我在维也纳人民学院所作的演讲整理而成的，当时的听众都是来自各行各业、年龄各异的男男女女们。在本书中，我们旨在揭示个人的错误行为是如何对我们的社会与社区生活的和谐性施加影响的，并进一步引导个体去发现自己的错误，最终让他们认识到自己能够为社会的和谐贡献一份力量。人们必须要为商业和科学上的错误付出昂贵的代价，这是令人遗憾的事情，然而生活行为中的错误却往往会对生活本身构成威胁。本书的任务就是在更好地理解人性的道路上，做一盏指路的明灯。

阿尔弗雷德·阿德勒

目　录

导论

人类的生命存在于他们的灵魂之中。

——希罗多德

我们是不可能以过分的自以为是和狂妄自大来探讨人性科学的。与此相反，对人性的理解要以某种谦逊的态度来对待。人性这一问题对我们来说是一个巨大的挑战和难题，解决这一问题是人类文明一直以来孜孜不倦追求的目标。对这门科学进行研究的唯一目的，并不在于造就应时应景的科学家，只有让所有人都理解人性，才是它的真正目的。某些学术研究人员认为自己的研究只专属于某一个特殊的科学领域，而这正是我们与他们的不同之处。

由于我们的生活是相互隔离的，我们当中没有人会对人性有非常深刻的理解。在以前的时代中，人们不可能过着像今天一样相互隔离的生活，我们从童年时代开始，与人性发生联系的机会就少之又少，我们被家庭隔绝了。我们与同伴之间的那种必需的亲密接触也受到了我们整个生活方式的抑制，这种接触对于形成和发展人性的科学和艺术是至关重要的。由于我们与同伴之间缺乏充分的接触，我们就成了同伴的敌人。我们往往会错误地对待他们的行为，并对他们做出错误的判断，而所有这一切的起因都是我们无法充分地明白和理解人性。有一句被人们反复引用的老话是这样说的：人与人之间每天见面，相互打招呼、聊天，但彼此之间却没有什么交流，因为他们都视对方为陌生的路人。这种现象不仅存在于社会中，而且，在家庭这一狭窄的圈子里也广泛存在。我们经常会听到父母抱怨说自己不能理解孩子，而孩子则会抱怨说他们的父母对他们一点儿也不理解。我们对待同伴的整体态度完全依靠我们对同伴的理解。因此，理解我们的同伴是绝对必要的，这是社会关系得以建立的基础。如果人们拥有令人满意的关于人性的知识，那么人与人之间的相处就会变得更容易一些。如此一来，就可能将某些令人不安的社会关系排除掉。因为我们明白，在我们彼此之间不理解的情况下就可能会发生一些不幸的社会关系，我们也会因此被表面的假象所欺骗。

我们当前的目的在于阐明：我们试图从医学科学的角度出发来探讨这一问题的目标，就在于为这一广泛领域内的一门严谨的科学奠定一定的基础；此外，我们还要搞清楚，这门关于人性的科学其前提是什么，它要解决什么问题及我们能够从中得到什么。

首先，精神病学已经成为一门需要大量人性知识的科学。作为精神病科医生，必须要在最短的时间内准确地洞察精神病患者的灵魂。在这一特殊的医学领域内，一个精神病科医生如果不能对病人灵魂深处所发生的事情有相当的了解和掌握，就不能有效地做出判断并开具处方，进行医治。在这里绝不存在平庸肤浅、一知半解的立足之地。错误的判断很快就会招致相应的惩罚，只有对病情有一个正确的理解，才能对患者进行成功的治疗。也就是说，我们关于人性的知识将会在这里得到实践的检验。在日常生活中，如果对他人做出了错误的判断，并不一定会立即造成严重的后果，因为可能要在所犯的错误过去很久之后，这些后果才会显现出来，所以二者之间并不存在非常明显的因果关系。我们往往会惊讶地发现，对一个人的误解所产生的重大的后果甚至在几十年后才会显露出来。这种令人感到忧虑的情形告诉我们：任何人都有必要，且有责任去了解关于人性方面的知识。

我通过对神经病的考察证明：在神经病患者身上发现的种种心理异常、心理情结和心理失衡，其结构与正常个体的心理活动大体上并不存在什么不同之处。在两者身上，我们发现的是相同的构成要素、相同的前提条件、相同的运动变化。唯一的差别在于：在神经病患者身上，它们表现得更为明显，也更容易被识别。这一发现的价值在于：我们能够从相关的异常心理状态的案例中学习到很多知识，从而使我们具有更为敏锐的眼光去发现正常的心理生活中相关的运动变化及其特征。这里需要的仅仅是任何职业都不可或缺的训练、热情和耐心。

最初的伟大发现是这样的：在精神生活的结构中，最为关键的决定因素发生在童年的早期。然而这一发现并没有什么惊人之处，所有时代的杰出学者都曾有过同样的发现。这一发现的新奇之处就是，它使我们能够在力所能及的范围内，将个人童年时代的记忆、经验和态度与其之后精神生活的各种现象整合在一个确定的、前后关联的模式中。通过这种方式，我们就可以将童年早期的经验、态度与成人的经验、态度进行对比；在这样的联系中，我们有了重大发现，即精神生活的个体表现绝不能被视为独立的实体。我们只有把它们视为不可分割的某个整体的某些特定方面，才能理解这些个别的表现；而且，只有当我们可以对它们在心理活动的总趋势和总的行为模式中所处的地位做出判定时，只有当我们可以发现个体完整的生活方式，并且真正明白他的童年态度的隐秘目标与他成年时期的态度等同时，我们才能对这些个别的表现做出评估。总而言之，这一发现非常明确地说明：从心理活动的角度来看，一个人从童年到成年一点变化都没有发生。某种心理现象的外在形式及其具体化、符号化的形式可能会有所变化，但其最基本的要素、目标和原理及那些将心理生活指向其最终目标的全部东西，则一直保持不变。一个性格焦虑症的成年患者，始终具有怀疑和不信任的心理状态，他千方百计使自己与世隔绝的这种做法，充分显示了他在三四岁时就已经具有了相同的性格特征和心理活动，但由于童年时期的幼稚和单纯，这些性格特征和心理活动就可以得到更为清晰的解释。所以，把大多数研究投向所有患者的童年时代，就成为一条对我们的研究具有指导意义的规则。于是，我们就逐渐掌握了这样一种技艺，即通常可以在了解了一个成人的童年生活，但尚未了解其目前状况的情形之前，揭示出他的性格特征。他身上表现出来的成年人的那些性格特征，可以被我们视为他童年时期所获得的经验的直接投射（projection）。

当我们了解了病人童年时期最为深刻的记忆，并知道如何对这些记忆做出正确、合理的解释时，我们就可以非常准确地重建病人目前的性格模式。在这一过程中，我们利用了这样一个事实，即个体要想偏离他童年时期所形成的行为模式，是一件极为困难的事情。几乎没有人能改变他们童年时代的行为模式，尽管成年后，他们发现自己已经处于完全不同的境况之中。在成年时期，生活态度的改变并不一定意味着行为模式相应地也会发生改变。事实上，精神生活的基础并没有发生变化。一个人在童年时期和成年时期保持着相同的活动模式，我们可以根据这种现象做出如下推断：他的人生目标也没有发生变化。假如我们希望改变个体的行为模式，那么，我们把注意力集中在儿童经验上还存在着另一种理由。我们是否改变个体在成年时期的无数经验和印象是无足轻重的，重要的是了解患者的基本行为模式。一旦掌握了这一点，我们就可以知道他的基本性格，并且对他的疾病给出正确合理的解释。

这样一来，对儿童时期精神生活的考察就成了我们这门科学的支撑点，所以许多的研究者都致力于对生命最初几年的研究。在这一研究领域中，还存在大量我们从未涉及和探索的素材，所以谁都有发现新的有价值的资料的可能性，对关于人性的研究来说，这些资料可以发挥巨大的作用。

与此同时，我们还研究出一种方法，用于预防不良性格的产生，因为我们并不把研究本身当作我们的目的，我们实际上是为了人类的共同利益才进行研究的。因此，在教学领域中也可以看到我们的研究，我们把多年的时光贡献给了教育学。对每一个希望在教育学中进行探索，并希望把他在人性科学研究中发现的有价值的东西运用到其中的人来说，教育学是一个名副其实的没有主人的宝藏。因为教育学的知识就像人性科学一样，完全来源于实践，而不是书本。

我们必须认同个体精神活动的任何一种表现，使自己身临其境，与人们共同体验他们的欢乐和悲伤，这就如同一位出色的画家可以在他的肖像画里充分展示他所感受到的人物的性格特征。应该把人性科学视为一门艺术，有许多可供使用的工具。这门艺术与其他所有的艺术之间有着紧密的联系，并对它们有一定的价值。尤其是在文学和诗歌领域，它的重要性更是非比寻常。它的首要目的是使我们掌握的关于人性的知识得到拓展和充实，换句话说，它必须使我们获得一种使我们的心理能够更好地、更成熟地发展的可能性。

我们面临的一个最大的困难就是，我们经常会看到，恰恰是在对人性的理解这一点上人们表现出异常的敏感。几乎没有人不认为自己对这门学科很精通，虽然实际上他们对此缺乏相关的必备知识；而如果在别人的要求下对他们关于人性的知识进行检验，几乎每个人都会认为这是对自己的冒犯，并为之生气。只有那些以同情之心体验到人的价值的人才是真正希望了解人性知识的人，换句话说，他们自身有过心理危机的体会，所以也能准确地从别人身上识别出这些危机的存在。

基于此，在对我们的知识加以运用的过程中，使用适当的策略和技巧就显得非常有必要了。因为如果我们粗鲁地把从一个人灵魂深处探寻来的赤裸裸的事实全部呈现在他面前，那么，没有什么事情比这更让人觉得可恶的了，也没有什么事情会遇到更抗拒的眼光了。我们要对那些不想招惹麻烦的人良言相劝，让他们在对待这一问题时加倍小心谨慎。有一种可以让人轻轻松松就变得声名狼藉的方法，那就是轻率而鲁莽地滥用、误用从人性知识中得到的各种事实，就好像一个人非常急切地要在饭桌上显示出他对邻座的性格特征非常了解或已经推测出其大部分性格特征一样。仅仅引用这门科学的基本原理作为最后的结论，并以此教导那些并没有从整体上理解这门科学的人，同样是十分危险的。在这个过程中，就算是那些对这门科学真正理解的人也会因此而蒙受耻辱。我们不得不再次重申我们已经说过的话：人性科学迫使我们变得谦虚。在毫无必要的情况下，我们不能轻率地将我们的实验结果公之于众。这种行为更像是一个急于炫耀自己并且把自己所能做的一切都一下子展示出来的小孩的所作所为。对于成年人来说，这很难被认可为是一种得体的行为。

我们建议那些对人的灵魂有一定了解的人首先进行一个自我反省。他不该在不情愿做出牺牲的人面前，展示他在为他人服务中获得的实验结果。他这样做只会给一门仍处于发展之中的科学带来新的困难，并在实际上使自己的努力付诸东流！这样，我们就得被迫忍受那些由年轻的探索者的轻率和热情所造成的错误和负担。我们一定要谨慎小心并牢记：在得出局部的结论之前，我们必须从整体上对事物形成一个全面的观点。而且，只有在确信其对某个人有利的情况下，我们才能将这些结论公开。通过错误的方式对他人性格做出判断或在不适当的情况下对他人性格做出正确的判断，都会给他人造成巨大的伤害。

在继续我们的各种思考之前，我们必须要对读者已经产生的各种反对意见做出回应。我们之前曾经讲过，人类个体的生活方式基本上是固定不变的，这种观点对许多人来说是很难接受的，因为在某个人的一生当中，会在许多经验的影响下改变他的生活态度。我们一定要记住，任何经验都可能有多种解释。我们会发现，从同一经验中不同的人会得出完全不同的结论。这说明一个事实，即我们的经验并不总是让我们变得更聪明。确实，一个人可以学会避免一些困难，并获得一种对待他人的哲学态度，然而他据以行事的行为模式并不会因此而改变。在以后的考察过程中，我们将会发现，一个人总是运用他的各种经验达到同样的目的。经过进一步的考察我们就会发现，他所有的经验都必须与他的生活方式相适应，与他的生活模式完全吻合。毫无疑问，我们的经验是由我们自己塑造的。每个人的生活模式都决定了他如何去体验及体验到什么。我们注意到，在我们的日常生活中，人们总是从他们的经验中随意地得出他们预期的结论。有这样一个男人，他总是不断重复地犯下同一种错误。假如你成功地让他认识到自己的错误，他的态度将会发生变化。实际上，他可能会进行这样的总结，他以前就不应该犯这样的错误，然而得出这样的结论是非常罕见的。他更可能会提出反对意见，说他已经积重难返，以致很难一下子改变这种习性；他也可能会为自己的错误责怪父母和自己所受的教育；他也可能会抱怨说，他不曾得到谁的关心，或者说他从小就受到宠爱，还可能会说自己遭受过粗暴的对待；总之，他会千方百计地找寻各种借口来为自己的错误开脱。不管他找到怎样的借口，他都暴露了一个事实，即他渴望推脱自己的责任。他采用这种方式，看似正当地逃避了自我批评，避免了所有的自我谴责。他永远都不会责怪自己，他将自己不能心想事成的原因全部都归结到别人的头上。这类人忽略了这样一个事实，他们几乎不会为了避免错误而付出自己的努力。相反，他们为了维护自己的错误，会以很大的热情去责怪他们自身所接受的不良教育。只要他们希望继续这样做，这就会成为一种卓有成效的借口。一种经验可能存在许多种可能的解释，从任何一种单一的经验中都可能得出多种不同的结论，这一事实使我们能够理解为什么一个人从不试图去改变他的行为模式，而是千方百计地转变、歪曲自己的经验，以使这些经验适合于他的行为模式。对人类来说，最难做到的就是认识自己和改变自己。

如果一个人并不精通人性科学的理论和技巧，想把他人教育成为更好的人是很困难的。他完全可能只是做一些表面文章，并且会执迷不悟地认为，由于事情的外在方面已经发生改变，他完成了某些意义重大的事情。从实际情况中我们可以发现，只要个体的行为模式本身不发生改变，这种技巧只会对个体产生极为微小的改变；只要个体的行为模式本身没有受到影响并发生改变，一切表面的变化都是外在的，并不具有任何价值。

要想使一个人的行为模式发生改变并不是一件简单的事情。它需要某种乐观的精神和高度的耐心，而且首先要摒弃一切个人的虚荣心，因为，从责任的角度来看，被改变的个人并不一定是他个人虚荣心能接受的对象。此外，改变的过程必须对其进行一定的指导，即必须要使这种改变对被改变的人来说看起来是合情合理的。我们不难理解，如果一顿美味佳肴不是按照人们期望的适当方式进行烹调和端送的话，人们很可能会拒绝享用这一顿他们原本非常爱吃的佳肴。

在人性的科学领域，还存在被我们称为社会的方面。如果人与人之间可以更好地理解对方，那么，人类无疑会更好地相处和沟通。在这种情况下，他们一定不会尔虞我诈，也不会有失落感。这种欺骗存在的可能性对社会而言是一种巨大的危险。我们一定要把这种危险告诉我们的同事，事实上我们正在向他们介绍这种研究。他们必须要让他们进行科学实践的对象懂得在我们身上起作用的未知的和无意识的力量的价值是什么；并帮助他们的对象了解所有人类行为中隐蔽的、扭曲的、伪装的伎俩和把戏。为达到这一目的，我们必须掌握人性科学，并且在付诸实践的过程中自觉地意识到它的社会目的。

什么样的人最适于搜集这门科学的材料并对其加以运用？我们已经讲过，这门科学不能仅仅用在理论上。仅仅清楚所有的规则和资料还差得很远。我们必须把研究结果在实践中加以运用，并使研究和实践紧密地结合起来，只有这样做，我们才可以具有比以前更为敏锐、深刻的眼光。这无疑是人性科学理论方面研究的真正目的。然而，只有当我们走出理论的束缚，走进生活本身并且在生活中对我们所掌握的理论进行检验和运用时，这门科学才能充满活力。我们之所以这样做有一个重要的理由。在我们接受教育的过程中，我们只能获得少得可怜的人性知识——而且这些知识大多都不正确，因为纵使教育事业发展到今天，也依然不适于为我们提供关于人类灵魂的可靠知识。儿童们全都被放任自流，他们可能完全依靠自己来评估自己的经验，完全是在课堂作业之外才能使自己得到发展。我们还不具有一种传统来获得人类灵魂的真正知识。人性科学在今天所处的位置无异于化学在炼金术时代所处的位置。

我们可以看到，那些仍处在社会关系中，尚未被复杂、混乱的教育体制分裂出去的人，是从事有关人性研究的最佳人选。在接下来的分析中，我们所涉及的男人和女人，不是乐观主义者，就是积极的悲观主义者，他们还没有完全屈服于自身的悲观主义。但仅仅与人性接触是不够的，我们一定要亲身进行体验。鉴于目前我们的人性教育严重缺乏的事实，只有一种人能够真正准确地理解人类的灵魂。他们要么是真心忏悔的罪人；要么是那些曾经陷入精神生活的旋涡，在所有的错误中奋力挣扎并最终把自己拯救出来的人；要么是那些曾经靠近这一旋涡并且受到其激流拍打的人。当然，还有一些人也可以掌握人性，特别是那些具有认同能力和移情（empathy）能力的人。那些经历了种种激情的人会获得对人的灵魂最深刻的理解。在当今这个时代，真诚悔悟的罪人就像在各大宗教开始形成的时代那些开创者一样，是具有很高价值的一种人。他们比数以万计的正派人站得更高。这怎么可能呢？因为这类个体曾克服了人生中的千难万险，曾经从生活的泥泞中获得自我拯救，通过人生中这些堕落的经历，他们受益匪浅并获得了某种力量，使自己得到了升华，他们既能理解人生好的一面，也对人生坏的一面有所感悟。对于人生的这种理解力，即使是正派的人也无法和他们相媲美。

当我们发现某些个体由于其行为模式而不能拥有幸福人生时，在我们有关人性的认识中，便会产生一种绝对的责任感去帮助他们对错误的人生观进行调整。我们必须向他们提供一种更好的人生观，这种人生观更能与这个社会相适应，更适合于获得现实存在的幸福。我们必须向他们提供一套全新的思想体系，给他们指出另一种生活方式。在这种生活方式中，社会感和公共意识发挥着更加重要的作用。我们并不准备构建人的精神生活的理想结构。对一个困惑的人来说，某个新的观点本身便具有相当大的价值，因为他正是从这里意识到他是在什么地方误入歧途，酿成错误的。按照我们的看法，严格的决定论者濒临酿成错误的边缘，他们把人类的一切活动都视为原因和结果的序列。只要自我意识和自我批评依旧保持其应有的活力，并且仍然是人生的主旨，因果规律就会变得完全不同，经验的结果也会获得崭新的价值。只要一个人对其活动的源泉和灵魂的动力拥有绝对的控制能力，他认识自我的能力就会获得大幅度的提高。一旦他意识到了这一点，他就会变成一个截然不同的人，他就会不再逃避他的知识匮乏所造成的不可避免的后果。

第一部分 人的行为

如果一个孩童心中有乐观向上的因素，他就会非常自信，认为自己有能力解决所有的问题。如果是这样，他将发展成为一个心态积极的成人，即认为所有出现的问题他都可以找到解决的方法。我们可以在他身上感受到坦诚、责任感、豁达、勇敢等一系列品质。

第一章　精神

（一）精神生活的概念与前提

在我们的印象中，精神只是一种能够自由活动、有生命迹象的，属于生物范畴内的一种存在形式。在自由与神灵之间存在着一种稳固的关系。而那些在大地上深深扎根的植物则是没有必要拥有精神的。假如某一天，我们发现周围的植物也具备产生情感的能力及思考问题的功能，那将是一件多么荒唐的事情。如果说植物也可以接受那些命中注定的痛苦，抑或是提前感受到一些无法逃脱的灾难，那对于我们来说将是无法想象的。同样，我们也无法想象植物怎样运用自己的意志力，并且理智分析问题，感受自由。如果是这样，植物的自由意志和理智就不可能成为一种现实。

在精神生活与身体运动之间，始终有一种严格意义上的因果联系，这就造成了动植物在本质上存在着极大的不同。所以，我们在研究精神生活演变的过程中，一定要认真地加以思索，其实一切运动之间都存在着不可避免的关联。那些能够和外界变更产生关联的一切苦难，都要求我们在精神层面可以提前感知到即将产生的痛苦或磨难，并知道怎样进行经验的积累及发展扩充自己的记忆，用以适应周围的生存环境。因此，我们可以得出这样的结论：我们的精神生活和身体的运动是不能被分割开来的。生物能够进行自由运动是其在精神层面获得一切发展的首要前提。具有强烈刺激性的运动会令精神生活也随之紧张起来，并且会给精神层面的强度提出更高要求。如果我们已经基本掌握了一个个体的所有运动规律，那么，我们就可以断定他在精神层面的活动已经间断了。伟大的人都是由自由的精神所造就的，而强制性的手段只能扼杀伟大的种子。

（二）精神器官的功能

假如我们在分析一个人精神器官功能的时候是以上述的观点作为基调的，我们就会发现，我们所研究的其实是生物遗传能力的发展，很多生命体就是用这个可以防守也可以进攻的功能对周围的一切做出相应的反应的。精神生活中既有寻求安逸的部分又有积极进取的元素，精神生活的终极目标是让人类在他们所生存的星球上不断地繁衍生息，并且在安全的环境中获得一些良性的发展。如果我们对这样的结论并不否认，那么，我们所做出的分析就会建立在错误的基础之上，也就是说，我们会坚信真正意义上的精神概念必然含有这样的元素。我们无法想象假如与外界完全丧失联系，那将是怎样的一种精神生活。我们头脑中真正意义上的精神生活必然是与周围的环境产生各种交集的，它能够识别来自外界的刺激，并根据实际情况对这些刺激做出相应的反应。在这个过程中，它会自动删除那些不能用来维护自身利益或对抗自然灾害的能量，或是通过一些其他的途径依靠这样的能量来维护自身的安全。

以上的现象是很常见的。它们与生物本身具有紧密的联系：人类的品行、肉体特质及人格中所存在的缺点和长处。这是两个彻底对立的概念，这是因为站在我们的角度上来看，某些领域中的个别器官到底是好是坏，这两种状态完全是对立存在的。而它们的价值也只能在一个人所处的具体环境中才可以得到验证。我们都知道，在某种程度上看来，人的脚也就是退化后的手臂。那些需要以爬行的姿势进行活动的动物在听到这个结论时一定会觉得糟糕透了。然而，对于双脚踩在大地上行走的人类来说，这样的结论却是再好不过了，当然，没有人希望自己依旧拥有那双“正常”的手臂，而不想拥有已经“退化”了的脚。其实，在我们的日常生活中，就像平常人那样，不应该将自卑作为引起罪恶的元凶。只有将它放置到一定的客观环境中才可以分清它的优劣。我们能够接触到的宇宙中的各种关系是那么复杂多变，比如有白昼，有黑夜，有艳阳天，有原子和分子的运动及个人的精神活动等，而这些因素对于我们的精神世界来说，是至关重要的。

（三）精神生活的目的

在精神范畴之内，我们首先可以发现一个事实，那就是这些活动其实归根结底都是为了实现一个目标。所以，我们不要将一个人的精神世界想象成一块静止的区域。相反，我们应该将它想象成一个随时处于运动状态的物体。可是，这些活动的原动力都来自于一些具有特殊性的元素，为了达到某一个明确的目标而进行努力。这样的目标，及为了达成目标而进行的努力，都是可以归于“适应”这个词语中的。我们可以想象出有一种精神生活是为了达到某一目标，而所有在精神领域所进行的活动都是为了这个目标服务的。

一个个体的精神生活会受到其个人目标的影响。如果没有一个明确的目标可以将这些活动串联起来，使它们进行正常的延续、发展、变化和指引的话，人类就不会拥有思考能力，也不会拥有感受、理想或憧憬。出现这样的结果也是正常的，因为具有生命的个体需要不断适应周围的环境，并且对环境做出应激性反应。前文中我们所证明的那些基本的理论为人类生命中的这些躯体与精神上存在的现象奠定了坚实的基础。如果一个个体没有一个明确的目标，那么，我们就无法想象他的精神是如何进行发展演进的。而在看待这个目标的时候，我们可以从主观出发来判断它到底是静止的还是不停运动的。

如果上述现象能够作为一种理论基础，那么，精神领域的一切事物都可以被看作是对未来环境的提前筹备。心灵作为人类最重要的精神器官，除了能够感知作为我们源动力的目标的强烈驱动力，它是无法发现除此以外的任何东西的，因此，个体心理学家得出了这样的结论：一个人精神领域的所有外在表现都是为同一个目标而服务的。

在我们掌握了一个人的努力方向，并且对外界也有了充分的了解之后，我们还应该去研究个体的生命活动中蕴含着怎样的意义，并且对它们为目标的实现所采取的方法是否具有实际价值做出判定。也就是说我们要了解一个个体为了达成目标所付出的努力是什么，就好比我们将一块石子扔出去，可以预料到它将沿着怎样的路线进行运动。

当然，精神的存在始终都是按照目标的改变而变化的，所以它必定是不遵循自然法则的。然而，如果一个人的精神世界中始终存在一个既定的目标，那么，他所有的行为都会不由自主地以这一目标为核心，强迫自己去为了达到这个目标而努力奋斗，就像在他的精神世界中存在着一种必须遵守的法则一样。当然，在自然界中必然存在一种人们必须遵守的准则，然而，这样的准则却是人造的。如果说有一个人能够找到充足的理由去证明现实中确实存在这样的法则，那么，他一定是被事物的表面现象所迷惑了，因为在他试图说服自己去相信自然环境是稳固不变的及自然对人类存在决定性控制力的时候，已经融入了他的个人观点。如果一个画家想要创作出一幅画，我们就会将与这个目标相关联的所有的要求都加在他的身上。他做出的所有行为都必须符合这个目标对他的要求，就像必须遵守一项既定的法则一样。可是，他真的必须创作出这幅画吗？

人类精神层面的活动与自然界中的活动并不是毫无区别的。这是我们看待问题所应坚持的原则。现代社会中有一个普遍的观念，那就是人的意志并不能够按照自己的需求来转变。的确，一旦有一个目标将个体所有的意志都束缚起来，这个个体就不再是自由的了。而且，这个目标经常会受到人与自然、动物与社会之间关系的影响。因此，我们不难理解为什么精神生活会被一些看似无法更改的原则所控制了。举一个例子，如果一个人总是试图摆脱他与社会之间的关联，或不想遵循现实生活中的规则，那么，他将会把一切的守则都抛到脑后，并且树立一个新的目标来代替这些规则。同样地，当一个人对生活感到茫然，并试图与同伴保持一定距离的时候，社会中的准则对他而言就不再起任何作用了。因此，我们可以推断出一点：只有我们确定了适合自己的目标以后，精神生活中的各种活动才会相应发生。

站在另一个角度，我们绝对可以从某个个体外在的种种活动推测出其树立了怎样的目标。这是件重要的事情，因为大多数人都不能明确地了解另外一个人的目标是什么。在现实生活中，如果我们想要了解某个人，就一定要经历这样的一个过程。然而，这些活动中包含很多意义，所以，想做好这件事没有那么容易。不过，我们可以将个体的活动汇总在一起，再比较集中地做出相应的图表。我们可以将能够体现出精神和生活态度的不同点连在一起，于是，我们可以从得到的曲线中了解到时间方面的不同之处，以此来达到了解对方的目的。通过这样的方式，我们可以了解一个个体对生活的一般性印象。下面，让我们通过一个案例来了解一下，如何从一个成人个体身上总结出让人震惊的与儿童相类似的思维方式。

有一个男人，30多岁，因为感到情绪极其压抑而来到精神病院看医生。他的性格颇具攻击性，虽然在个人发展道路上遇到了无数阻碍，最终还是赢得了一定的成功和社会地位。他因为不想工作而感到烦恼，他对生活也提不起任何兴趣，而且，他对此所给出的理由是他在筹备订婚的事情，但他却对未来充满了困惑。在他心中，嫉妒性元素一直在作怪，他被折磨得茶不思饭不想，而这段婚约也因此变得不再稳固，危机四伏。在这件事上，他所举出的例子并不具有说服力，因为他的未婚妻并没有在任何地方出现纰漏。恰恰是他对这段关系所表现出来的严重的不信任感让对方觉得不踏实。像他这样的男人其实并不少见，他们认为自己是具有人格魅力的，他们怀着这样的想法去接近身边的人，可是，对方则明显地表现出攻击性，因此，他试图与他人建立起来的那种关系便成为了泡影。

现在，我们可以依据以上对这个男人行为的描述来制作一张图表：我们先列举出他生活中的一件事，并且尽量将这件事和他的观念相结合。按照我们的行为经验，我们是要尽力找到最开始的，发生在童年时期的一件事，即使我们知道，我们对这件事的看法也未必完全正确和客观。以下是他小时候的记忆：他曾经和弟弟及母亲一同待在一个市场中，当时市场的环境是十分杂乱拥挤的，母亲就将他抱了起来，可是，不久之后，母亲发现抱错了，于是将他放在地上转而将弟弟抱起来。他被蜂拥而至的人群挤得无法前进，心中充满了沮丧。通过这样的回忆，我们可以确定，之前从他喜欢抱怨的行为中可以总结出这段记忆形似的特点。他对于自己是否更加受到他人的喜爱持怀疑态度，同时，对于别人受宠这个事实又无法容忍。当我们将这样的思维逻辑告诉病人时，他先是感到非常吃惊，之后便恍然大悟。

个体的任何行为其实都是为了达到某一行为目标，而引发个体树立相应目标的因素则是环境在童年时候对当事人的影响或给其留有的印象。很可能在一个人生命最开始的一段时间内，他们的状态和理想目标就已经成型了。或许在这个时候，一些感受也起到一定的作用，或是让孩子产生本能的应激反应，或是感觉到不舒服。这时候，虽然属于个人的人生哲学是以一种朴素的方式体现出来的，但我们可以确定，在当时，这些人生哲学已经初具规模了。一个人早在儿童时期就已经受到一些基本要素的影响，在这样的影响下，精神生活也会产生各种变化。与此同时，一个更高层的结构形式在这个基础上日益发展，在之后的生活中，它可能会产生变化，受到影响或加入其他元素。然而，周围环境的影响会引起个体的应激反应，从而进行明确的态度表达，并调整他在面对生活中各种问题时的表现方式。

很多研究员都相信，在婴儿时期，一个人就已经具有了十分明显的性格特征，这样的想法也并非是完全错误的。当然，这种观点对于我们经常认为的性格具有遗传性因素这个事实做出了合理的解释。然而，倘若认为一个人的个性或性格都是与生俱来的，那么就会产生一些不利的后果，因为这样的观点对于教育工作者而言，是一个阻碍性因素，并且会降低教育者工作的信心。其实，对于性格带有遗传性因素的观点，是有其他发源处的。这样的论断会让教育工作者的态度变得散漫，处理问题的方法也会变得相对比较简单，具体表现为将学生成绩上的偏差归结为遗传的因素，因此来推诿责任。这必定不符合教育的根本目的。

在目标的达成方面，我们的文明为之做出了巨大的贡献。它将孩童可能会遇到的困难都提前排除掉，一直到孩童可以找到达成目标的出路为止，确保儿童在拥有安全感的同时能够适应现实生活。孩童在生命的最初时期可能就已经明白，要想适应我们的文化环境，他究竟要得到多少安全感。我们并不会认为这种安全感只是能够避免现实中的危险，它还含有更深层次的安全系数，确保人类在一种最适合的情境下进行发展，这就如同我们在提到一台经过周密设计的仪器时所说的“安全系数”。一个孩子通过对于这种“额外”的安全感的需求而得到所谓的安全系数，其实，这些安全因子是完全超出其安全发展的需求量的。这样一来，一种新的活动形式就出现在他的精神生活中了。这样的新的活动所凸显的是一种可以控制别人，超过别人的趋势。就如成年人一般，孩童同样想让一切竞争者都处于劣势。他们也会竭尽全力地追求一种自身的优越感，这种感觉能够让他感到安全，能够促使他更好地适应周边环境，这便是他的终极目标。因此，在他们心中会出现一些不安定的情绪，而且，随着时间的推移，这样的感觉会愈演愈烈。如今，我们可以设想，我们所处的环境要求这样的反应变得更加强烈，假如在这个重要时期，孩子并不认为自己有能力解决所遇到的现实问题，他们则会采取逃避的态度，找出各种各样的借口，而这样的状况会让我们更加渴求成功。

在这样的情况下，个体通常会将逃避困难作为最紧急的目标。这样的人害怕困难的到来，并且习惯于逃避，不能勇敢面对生活抛出的棘手问题。我们一定要理解，人类所做出的关于精神层面的反应是会变化的，而不是稳固不变的。任何一种反应都只是暂时的、局部的，并且也不是绝对正确的，我们不能认为问题已经得到了最终的解决。尤其当一个孩童处于精神发展的重要阶段时，我们一定要明白，我们所说的目标，只不过是暂时性的。对于孩童的精神发展，我们不能机械地借用成年人的衡量标准。如果对我们面对孩子犯错时，往往会走入误区，用成年人的标准去衡量他们所犯的错误。却忘记了站在我们对面的还只是个孩童，没有足够的应变能力和自信。在这样的情况下，我们该做的是给予他们鼓励与支持，增其信心，而不是如图中父亲一样打骂或体罚。

方是孩童，我们一定要进行细致深入的观察，而且，对于他所确定的、在生活中各方面所指向的目标，我们要采取支持的态度。如果我们能够观察到孩童最深的精神层面，我们就可以看清楚他是如何努力去达到自己想要的结果的，他的目标最终也是为了让自己与周围的环境相适合。如果说我们想探究孩童现阶段各种行为的根源，我们就一定要懂得换位思考，能够站在他的角度来体会所发生的事。另外，他的行为也会受到各种情感的影响，比如说乐观精神的作用。如果一个孩童心中有乐观向上的因素，他就会非常自信，认为自己有能力解决所有的问题。如果是这样，他将发展成为一个心态积极的成人，即认为所有出现的问题他都可以找到解决的方法。我们可以在他身上感受到坦诚、责任感、豁达、勇敢等一系列品质。相反，另一些人则发展为悲观主义者。我们可以想象一下，如果一个孩子对自己的能力并不自信，那么，他会定下怎样的目标呢？在这个孩童的眼中，世界将是多么可怕啊！在他们身上，普遍存在着怀疑、胆怯、缺乏自我反省的能力，及与之类似的懦弱的人所表现出来的所有的行为特点。他会制定一些不切实际的目标，然而，自己却躲到战线的后面隐匿起来。

第二章　精神生活的社会性方面

为了深入地了解一个个体内心的真实想法，我们还可以从他与同伴之间所建立起的关系入手来研究。一方面，由于宇宙的本质对于个体之间的关系会产生巨大的影响，所以，这样的关系并不是稳定的，而是多变的。另一方面，它也会受到国家或社会中某些制度的影响，比如说政治因素或传统习惯等。如果不能了解这些关系，我们就无法真正理解个体的内心世界。

（一）绝对真理

人的精神并不是完全不受限制的，因为我们需要面临各种各样的问题，而这些困难则会影响精神层面的活动。这些因素是与人类生活息息相关的，个体受到整个社会生活状况的影响，而个体的力量却不足以影响社会的运行，就算是有影响，也只是限定在很小的范围之内。可是，我们也不能单纯地将现实情况看作是固定不变的，它们的形态是多种多样的，也很容易产生变化。

对于精神层面的阴暗面，我们没有十足的把握可以完全照亮，对于其真正的本质，我们也无法完全理解，这是因为，我们每个人都存在于一张网络中，而这张网是由个体所接触的各种关系所形成的。

为了走出这样的困境，唯一有效的方法就是假设我们所处的环境是永远不变的，像稳固的真理一样。如果我们能够克服所有的因个人能力限制而产生的偏差，我们就可以渐渐靠近这个所谓的绝对的真理。

我们不得不仔细考虑来自于物质层面的影响，对此，马克思和恩格斯都做过相关的论断。他们的观点是，所谓的经济基础，也就是一种能够支持人类生存的技术形式，对于“理想和逻辑层面的上层建筑”（也就是一个人的想法和行为方式）起到决定作用。与其存在部分一致性的包括我们所指的“绝对真理”和“社会生活的逻辑”。而历史及个体心理学，也就是我们对于个体生活的感知却告诉我们，即使一个人对经济层面的需求存在错误的认识，这也并非对他完全不利。为了摆脱窘迫的经济状况，个体可能会将目光集中在因为自我错误认识而形成的网络中，最终无法自拔。如果我们找到了一些能够指引我们通向真理的方法，我们将避免类似错误的发生。

（二）对社会生活的需要

社会上的规则的确像自然界的气候一样，是非常明显的。自然界气候中的规则让人不得不采取一些防寒保暖的措施，比如建造房屋等。在社会及社会生活中，存在着一些具有约束力的制度，而在通常情况下，我们是无法完全理解这些制度的内核的，比如宗教。在宗教中，成员能够形成一种不成文的规定，即社会规范是带有神圣色彩的。如果说，一个人的生活情况要受到宇宙的影响，那么，他一定还将受到来自人类社会或公共环境的控制，而社会中的各种硬性的规定，也会制约个人的社会生活。社会能广泛地调节个体之间的关系。在个人生活和社会生活之间，后者的起源要比前者更早。从古至今，如果想要在人类的文明进程中找到某种生活方式是不以社会生活作为基础的，那是不现实的。没有哪个个体可以脱离人类社会而独立存在。这其实不难理解。在动物的国度中，有一个这样的法则：如果一种生物无法在个体斗争中保护自己，它就会用群居的形式来战胜各种困难。

人类同样具有群居的本能，这种本能帮助人类战胜严酷的环境从而不断发展进步。群居本能不仅取决于社会生活的需要，更取决于心理需求。达尔文在很早以前就发现了这样一个事实：弱小的动物从不单独生活。由于人类对自然的影响微乎其微，同样也没有能力独居，因此生物学家将人类归类于弱小的动物。为了种族的延续和生存，人类必须借助许多工具来保护自己。想象一下：一个人独自生活在没有任何人类文明的原始森林中，那将会是何种景象？他将会处于极度的危险之中。与其他动物相比，他的速度不够快、力量不够强，没有尖锐的牙齿、灵敏的听觉和视觉，而这些都是生存斗争中必需的能力。因此人类需要足够多的工具来保护自己，我们的营养摄取、生理特点及生活方式都决定着人类需要工具的保护。

现在我们得出结论：人类只有在对自己特别有利的环境中才能维持生存。社会为人类提供了有利的生存条件。之所以说社会环境是人类生存的必需条件，是因为社会分工使每个个体都从属于群体，从而保证了整个物种得以维持生存。劳动的分工（从本质上讲，劳动意味着文明）能够确保人们获得为满足需要所必需的一切工具。人们只有在学会了劳动分工以后，才懂得如何显示自己的威力。想象一下孕育孩子的艰辛及养育孩子所需的精心照顾吧！只有实现劳动的分工，精心照顾下一代才可能实现。再想想那些数不胜数的疾病痛苦，特别是在脆弱的婴儿时期，稍微不小心就会染上。想想这一切，你就会对生活中的各种需求有一个初步的认识，就会认识到社会生活的必要性。可见，社会是人类维持生存发展的最好保证。

（三）安全与适应

综上所述，我们可以得出以下结论：从自然的观点来看，人是一种低等生物，时常会感到自卑和不安全，这会促使他寻求一种更好的方法和手段来适应大自然，同时也迫使他去寻找一个安全的环境，避免或减少生活中的不利因素。这样，就出现了对神经器官的需要，这些器官能够帮助个体适应环境、获得安全感。尖角、利爪或利齿等起到保护身体作用的防御武器，很难使人摆脱原始的半人半兽形象，演变成一种新的生物，而半人半兽的生物终将在自然进化中止步不前。只有神经器官能够指挥机体迅速做出应激反应，并且可以弥补生理上的缺陷。对自身能力有限的认识，促使人类逐渐产生预见危险和做好防患的能力，同时这样的神经系统经过长期的发展演变，逐渐形成现在人们具有的可以思维、获得感知和支配行动的神经器官。因为社会在适应过程中起着决定性作用，因此神经器官也为人们更好地进行社会活动而服务。神经器官的所有功能都是依据社会生活的需要而发展的。根据逻辑的普遍适用性原则，我们也可以推测出人类精神今后的发展趋势，只有普遍适用的才符合逻辑。社会生活需要掌握的另一项技能就是言语，它也是人与动物的本质区别所在。语言这一沟通形式可以清晰地揭示出人类的群居特性，也是社会形成的前提条件，这同样适用于逻辑的普遍适用性原则。对于离群索居的动物来说，语言是没有太大作用的。只有在社会环境中语言才更有意义，它是社会生活的产物，是连接众多个体的纽带。一些特殊个体可以验证以上结论的正确性。那些生活在人烟稀少或与世隔绝地区的个体，会逃避和他人联系、接触，他们是环境的受害者。无论是何种情况，他们都受到语言缺陷或障碍的伤害，并永远失去学习语言的能力。只有人与人之间交流不受限制时，语言的纽带作用才能形成并持续发展下去。

在人类心理的发展过程中，语言具有极其重要的作用。只有在语言这个前提下，逻辑思维才能够产生并得到发展，而且语言使我们可以表达不同的概念和看法。概念的形成不是个人行为，这影响着整个社会。只有具有普遍实用的特点，我们才有可能产生思想和情感，正如对于美的喜爱是基于对美的认同和感受具有普遍适用性一样。而思想和概念就像感觉、知觉、思维、良知和审美一样，都源自于人类的社会生活，同时又是社会文明发展进程中个体之间联系的纽带。

欲望与愿望也是个体心理活动的一个方面。愿望是由于缺憾感而引起的，是想要获得满足的倾向，是实现满足感的一种手段。有“愿望”即意味着个体认知到自身的不满足感，并尝试采取行动以获得满足。个体的所有行为都由不满足感引发，最终的结果就是得到满足、达到心境平和的状态。

（四）社会意识

现在对于诸如法规、图腾和禁忌、迷信或教育等人类生存的规则，我们已经有了一个清晰的认识，他们都受社会制约，同时也要获得社会认同。这一观点我们可以在宗教信仰中得到验证，同时我们发现适应社会是神经器官的重要功能，无论是在个体身上还是在社会大群体中都是这样表现的。所谓的公正和正直及人性中最宝贵的品质，实际上都是满足人类社会需要所必需的条件。这些条件使心理活动表象化、具体化，指导者个体的行为。同时，只有符合社会中的普遍适用性原则，责任感、忠诚、坦率、对真理的热爱等美德才能逐渐形成并长久保留下来。只有从社会的整体观点出发，我们才能正确地评判一个人性格的好坏。因为人的性格就如同科学上、政治上或艺术上的成就一样，只有证明出具有普遍价值后才被认可、接受。一般来说，我们习惯以个体对社会的价值多少作为衡量一个人的标准。通常是将某个人与具有高度社会贡献意识并以有益于社会的方法解决各种困难的模范人物进行比较。按照福特·墨勒的说法，他是一个“依据社会法则行事并遵循生活规律的人”。这一点将会在之后我们所进行的探讨中表现得越来越明显，即一个健全人的成长离不开一种深刻的、与他人之间的伙伴关系的培养。

第三章 儿童与社会

作为社会中的一员，我们都承担着一定的社会责任，这些责任决定着我们的生活环境、生活方式，及我们的身心发展过程。社会是一个有机的整体。仅仅从人具有两性相吸这一特点上我们就能窥见个体与社会的连接点。在相互独立的男女身上，我们很难看见他们会有对生活的满足感、安全感及幸福感，而这些感受更多的是在相互分享彼此的所见所闻的夫妻身上出现。通过观察儿童缓慢的成长过程，我们相信，没有社会的保护，人类不可能进化。生活中的各种责任促使劳动分工得以形成，这并没有使人因互相隔离而疏远，反而增进了人与人之间的联系。

每个人都需要他人帮助，也都需要社会归属感。因此人与人之间不可或缺的联系产生了。下面我们需要更详细地探究婴儿出生后将面临的一些社会关系。

（一）婴儿的处境

每个儿童都依赖于社会的帮助，社会的帮助无处不在，但他仍然会发现这个世界需要付出，也可以收获，需要你去适应，也会带给你满足。当然，儿童也会因生理本能受到挫折而产生痛苦的体验。在很小的时候，他们就会认识到有的人生来富有，所有愿望都可以满足，而有的人却不是这样。我们可以说，由于童年时代的这些经历，使他想要拥有一个具有综合功能的器官，以保证他拥有正常的生活。这样心灵也就应运而生了。通过对每一种经历进行各方面的评估和分析，心灵获得了这种综合能力，并且促使他以最小的付出来获得最大的生理满足。于是，他开始高估自己，过早地认为自己拥有打开一扇门或搬动重物的力量，或是认为自己具有命令别人、支配他人的权力。在他的心中也产生了想要长大的念头，想要长得和别人一样强壮甚至更强壮。由于婴儿的弱小，长辈们有义务照料他们，这就使婴儿生活的主要目的变为支配那些聚集在他身边的成人来满足自己的需求，虽然这样的照料更突出了婴儿的弱小。这样在婴儿的面前就出现了两种选择：一种是他继续按照从成人身上学到的行为和生活方式成长，另一种是夸大自己的弱小无力，寻求成人的善心帮助。这两种发展倾向我们都可以在儿童身上找到。

在生命初期，个体的性格类型就已经初步形成。一些孩子想要通过努力学习获得权力、成为勇士，而这样的孩子也往往会得到成人的认可；另一些孩子则利用自己的弱小来投机取巧，尝试用各种方法来夸大这种弱小感，从而得到成人的关心、怜爱。只要仔细观察孩子的各种处事态度、表情和言行，我们就能知道他属于哪种性格类型。但是要注意单纯地解释性格类型是没有任何意义的，只有将之与环境结合来进行讨论，我们才可以确定每种性格类型的意义。通常，从儿童的行为中我们能够看出他对环境的态度。

可塑性基于儿童有努力弥补他的弱小的天性。无数天才和智者的产生都源于这种对自身的不满足感的刺激。下面我们来说说身处逆境中的儿童。这样的儿童会觉得整个世界都是与他敌对的，这主要是儿童思维的片面性造成的。如果在早期的启蒙教育中，儿童没有学会正确地认知各种观点，那么在之后的岁月里，他对世界的敌对心理将很可能在行为上表现出来，在他眼中，整个世界都充满着敌意，而当他遇到更大的困难时，这种敌对的感觉将日益强烈。这种情形多发生在具有生理缺陷的儿童身上。这种儿童对待环境的态度与正常儿童迥然不同。生理缺陷造成的生理不便在外在表现上可能是运动困难、生理器官的不健全或机体抵抗能力低下（经常生病）等。

但不能正确认识世界并不一定是由生理缺陷造成的。环境对儿童提出的不合理要求（或采用不恰当的方式提出要求）与造成的困境对儿童心理发展的影响与生理缺陷是相似的。一个渴望适应环境的儿童，突然发现自己需要面对重重困难，而求助却无门时，悲观情绪将迅速涌上他的心头。

（二）困难的作用

对于儿童来说，困难总是毫无章法地出现，他们很难做到一贯恰当地做出应对。儿童的心理只是得到了初步的发展，生存技能也尚未成熟，他们只能努力去适应不可改变的现实条件。他们只能从曾做出的错误反应中进行反思，就像做实验一样在心中不断地尝试新的方法，直至找到正确的反应方式，并在生活中加以验证，从而获得进步。在对儿童行为模式进行的研究中，儿童面对特定环境所做出的反应方式引起了我们的高度关注。从他们的应对方式上我们可以看出其内心的发展程度。同时，我们也必须认识到：个体的行为与社会现象一样，都不能依据一种模式来进行评判。

在心理的发展过程中，儿童遇到的障碍通常会阻碍或歪曲他们的社会认知。这些障碍可能是物质环境上的缺乏，比如由经济、社会、种族或家庭情况造成的不良影响；也有可能是自身生理缺陷造成的。社会文明是建立在人具有健康的体魄和健全发育的器官的基础之上的，因而，存在严重生理缺陷的儿童在解决生活问题时就会处于不利的位置。很晚才会走路的儿童、运动困难的儿童或学说话很晚的儿童（由于大脑发育迟缓，他们会在很长一段时间内表现得很笨拙）都属于这一类型。这类儿童时常碰这碰那、笨手笨脚、行动迟缓，生理和心理上的痛苦成为他们的负担。而这个世界并没有因此而给予他们同情，它是客观而又冷漠的。他们的发展受到抑制，需要克服种种困难。当然，随着时光的流逝，他们总会有可能得到补偿，抹去他们心中的伤痕，但是，即便心理发展的迟缓没有使儿童对未来生活绝望，但是经济的拮据也会使事情变得更为复杂。有缺陷的儿童对于成人社会的既定法规了解有限，他们习惯用怀疑和质问的态度来对待出现在他们面前的机会，并喜欢把自己孤立起来，逃避承担责任。他们对生活中的敌意尤为敏感，并会无意识地夸大这种敌意。他们对痛苦的关注远胜于光明。一般来说，他们会高估自己的缺陷和他人的关心，他们始终持有敌对的态度，要求别人关注自己，但却不会同等地关注他人。他们认为生活中的责任是成长道路上的障碍而非激励因素。由于他们对同伴一直抱有敌意，因此他们越来越远离社会。于是，他们过于谨慎小心地对待每一个与社会接触的经历，而这使他们离真理和现实越来越远，从而给自己带来新的困难。

如果父母对孩子没有给予足够的关心，那么也会给儿童的心理发展带来相似的阻碍。过多的阻碍，将会造成严重的后果。孩子将变得固执，不能识别什么是爱，也不能恰当地表达关心，因为他们对亲情的认知没有得到应有的发展。在缺乏亲情的家庭中长大的孩子身上，很难发现任何关心的行为表现。他们对所有爱和亲情持有逃避的态度。如果不懂教育的父母、老师或其他成人告诫孩子爱、亲情是不应有的、荒唐的，会使人缺乏男子汉气概，并给他们灌输一些有害的格言，也可能会产生相同的结果。教育儿童敬仰成人是很荒唐可笑的，这种情形在生活中却并不少见。那些经常受到嘲弄的儿童更是如此，由于痛苦的经历，使他们深怕表现出对成人的依恋，觉得喜欢别人是很荒唐的，同时也会显得缺乏男子汉气概。他们抗拒着对亲情的需要，仿佛对他人的关心会奴役他们，并让他们丢脸。于是，在儿童早期，亲情是不被接受、认可的。由于这种教育阻碍和压抑了儿童的亲情感觉的发展，因此儿童变得胆小、懦弱，逐渐从周围的社会中退缩出来，丧失人际交流沟通的能力，但这些对儿童心理发展是极其重要的。只有身边的某个人主动与他接触，他才会与之建立极其深厚的关系。这就可以解释为什么有些人长大后只会与某一个人建立良好的社会关系，而不能与很多人建立这样的关系。例如上文中提到的那个男孩。当他注意到母亲只关心弟弟时，感觉自己被忽视了，因而在长大后始终四处徘徊，想要找到他童年时期未能得到满足的对母爱的需要。这个例子说明这类人在生活中很可能会遇到困难，他们在儿童时期很可能接受的是强制教育。

过多的关爱对儿童心理发展的影响与无关爱所造成的影响一样，都是有害的。娇生惯养的儿童与被严格教育的儿童一样，成长中都会遇到重重困难。从一出生，儿童就有被关爱的需要，当父母或其他成人给予的关爱逐渐超越了界限时，这个在溺爱中长大的孩子会依恋某一个或几个人，拒绝和他们分开。对关爱的认知因错误经历而得到强化，以致儿童会产生这样的想法：凭着他人的关爱，他可以迫使别人为自己的成长承担某种责任。这是很容易发生的，比如儿童会对他的父母说："因为我爱你们，所以你们必须这样做或那样做。"这在家庭中时有发生。一旦儿童在某人身上尝到了甜头，就会对他表现出更多的关爱，从而使之更加顺从自己。毫无疑问，这样的教育对儿童的发展是有害的，在以后的生活中，他将极力以爱的名义满足自己的私利。为了达到目的，他可以采用任何方法，去征服他的对手，无论是兄弟还是姐妹，甚至散布流言来打败他们。这样的儿童可能会怂恿其兄弟去干一些违法的事情，以使自己显得正直、懂事，从而得到父母的宠爱。他会对父母施加一定的压力，从而使父母把注意力集中在自己身上。他挖空心思、不遗余力，直到成为众人目光的焦点。有时他会变得懒惰或干坏事，唯一的目的就是让父母注意他，围着他转；有时又会很乖，像个模范儿童，这是因为他认为这可以获得别人的关注，而别人的注意是对他

在儿童成长期间，过分的关爱与全无关爱所带来的伤害其实是等同的。上述两幅对照图中可以看出：过分的溺爱会让儿童产生依恋从而养成难以管束的坏脾气；全无关爱的儿童往往会变得坚强，同时也会留下怨恨。综其上述，我们应该合理给予儿童关怀与爱护，以便能够营造一个合理的环境使其成长。

的一种奖赏。

经过对以上情形的讨论后，我们发现：一旦思维模式确定，任何东西都可以成为达到目的的手段。为了达成目的，儿童可能会朝邪恶的一面发展，也可能会朝好的一面发展。我们经常看到，一些儿童通过犯错、扰乱秩序来吸引人们的注意，而另一些更精明的孩子则靠美德达到相同的目的。

我们可以给倍受宠爱的儿童做一个归结：他们成长过程中的障碍都被成人扫除干净，没有形成自己的能力，也没有机会去承担责任，他们没有获得为未来生活做准备的机会，而这些准备是他们未来生活中所必需的。对于那些乐于与他们交往的人，他们因没有交际能力而无法与之好好交往，更何况对于那些因童年的逆境而对外界存在敌意的人们，他们更是无能为力，很难与之建立良好的人际关系。因为没有机会亲自去克服困难，他们对生活没有正确的预期。一旦离开了如温室一样的小小王国，他们几乎注定要遭遇失败，因为他们再也找不到像他们父母那样乐于帮他们承担责任的人了，也再也找不到他们习惯了的温室。

这些现象或多或少都有一个共同之处：那就是儿童更应该独立成长。肠胃有毛病的儿童会特别注重营养，因而他们与正常儿童有着不同的成长历程。生理存在缺陷的儿童有着独特的生活方式，这种生活方式最终却使他们陷入孤立。还有一些儿童由于无法认清自身与环境之间的关系，而采取回避的态度，因而他们找不到朋友，玩的游戏也与其他同伴所玩的游戏不同。他们要么羡慕其他同龄人，要么对别人不屑一顾，关在屋子里专心致志地玩自己的游戏。在严格的教育压力下长大的孩子也面临着与社会隔离的危险，生活在他们看来不是令人愉悦的。他们要么忍受生活的一切，忍气吞声地接受生活的悲苦；要么像个战士，随时准备着与环境进行战斗。这样的孩子大多忙于捍卫自己的生活，害怕自己一败涂地。因此也就不难理解，为什么他们会觉得生活是如此艰难，责任是如此沉重。我们可以想象得到，在他们的眼中，外面的世界永远都不是友善的。过分的警觉压在他们心头，像一个沉重的包袱，使他们更倾向于回避困难，而不是勇敢去面对失败的危险。

这些被溺爱的儿童还有一个共同的特点（这是社会认知发展不完全的标志），就是他们只关注自己，不关心别人。这一特征是导致他们朝着悲观主义世界观发展的决定因素。除非他们找到纠正这一错误思维模式的方法，否则他们不会幸福。

（三）人作为社会组成物而存在

前面我们已经详细阐明：只有把儿童放在特定的环境中，我们才能了解他的人格，从而推测出他在社会中的特定境遇。所谓的境遇是指他在社会中的位置，及对诸如职业挑战、人际交往等这些人生来就会面对的社会和生活中的问题的态度。借此我们就能发现，那些在生命伊始就在个体身上留下的深刻印记将影响他一生的处事态度。在儿童刚出生的几个月内，我们就可以判断出他将与社会建立怎样的关系。这时我们完全可以将两个婴儿的行为方式进行区分，他们的行为模式已经有了相当明显的差别。而且随着儿童的不断成长，这种模式特点将变得越来越显著，不再发生变化，同时儿童的心理活动也会更多地受到社会关系的影响。与生俱来的社会归属感随着他对关爱的需求逐渐显露出来，这会促使他主动亲近成人。儿童对生活的热爱总是指向他人，而不是像弗洛伊德所说的那样，总是指向自己的身体，而且受性欲影响的动力在强度和表现方式上因人而异。在两岁以上的儿童身上，区别主要表现在语言上。只有当发生最严重的心理功能退缩时，这种牢牢植根于每个人心灵深处的社会归属感才会消失。总之，社会归属感将伴随人的一生，在一些情况中社会归属感会被扭曲并受到约束，在另一些情况中又会得到扩大、拓宽，甚至不仅仅局限于自己的家庭成员，还包括他的民族、他的国家乃至全人类。它还可能超越种族的界限，扩展至动物、植物、无生命的物体乃至整个宇宙。因此，我们在进行研究时，一个重要的基本依据就是必须把人看作社会的组成物。掌握了这一点，我们就掌握了通过理解人类行为大门的钥匙。

第四章　我们所处的世界

（一）世界的结构

每个人都必须适应环境，因此，人类的心理机制具有从外部世界接收信息的功能。此外，心理机制会根据自身对世界的认识，沿着先天因素引导的路线向前发展。虽然我们无法用确切的专业术语来解释宇宙，描述这一发展趋势，但我们仍然可以将其定义为一种以自卑为参照物的既定方向。只有在确定了目标后，才有心理活动的产生。正如我们所知，目标的建立需要以不断发展的能力和适度的活动自由为前提，自由活动所带来的满足感是必须具备、不容贬低的。儿童首次完成从爬行到站立的转变，就预示着他已经进入了一个崭新的世界，同时也开始感受到敌意的存在。在最初产生活动的愿望时，特别是在他迈出第一步学习走路时，他需要经历各种困难，这些困难可能会激励他继续努力，也可能摧毁他对未来的信心。那些在成人看来微不足道的事情，可能会对儿童产生巨大的影响，并决定着他对所处世界的印象。因而，那些在运动愿望上没有得到满足的儿童，很可能会以能够剧烈运动作为理想，通过询问他们最喜欢的游戏是什么或长大后的愿望，我们就可以发现这点。通常，这些儿童的答案是汽车司机、火车司机等，这反映出他们想要克服运动上的不便，他们生活的目标是行动自由、没有任何约束，从而克服自卑感并树立自信心。自卑感在发育迟缓、多病的儿童身上是很常见的。同理可知，眼盲的儿童的愿望是看到清楚的世界，失聪的儿童的愿望是听到令人愉悦的声音。

在儿童认识世界的所有器官中，感觉器官发挥着决定性作用，决定着个体与外在世界间的关系。人们通过感觉器官，获得对宇宙的认识。眼睛是人们认识环境的首要感觉器官，色彩斑斓的世界吸引着人们的注意，这是人们生活经验的主要信息来源。视觉对于接收环境信息具有无法替代的作用。它具有长久性，不像耳朵、鼻子、舌头、皮肤等感觉器官，只能感受短暂的刺激。不过对于有些人来说，耳朵是主要的感觉器官，他们所接收的信息主要来自于听觉，此时心理机制也更多地表现出听觉倾向；同时也有一小部分人以肌肉活动为主要感觉器官。还有一些人以嗅觉或味觉为主要感觉器官，不过对气味敏感的人，在我们的社会中会处于不利的地位。另外有些儿童，他们的肌肉系统占据着主导地位，他们精力充沛、焦躁不安，儿童时期就表现出无休止的活动状态，成年后更加地活跃。他们只对运动类的活动感兴趣，甚至在睡眠中也会显现出活动的迹象，比如睡觉时焦躁不安地翻身等。“坐立不安”并且很难改正的儿童就是这一类型。一般地，所有儿童都是通过强化某一器官或器官组织（无论是感觉器官还是运动器官）来认识和适应世界的。儿童凭借其敏锐的器官来搜集外部世界的信息，从而形成对整个世界的认识。因此，只有了解一个人是通过哪种感觉器官来认识世界的，我们才能正确地认识这个人，因为这影响着他与外部世界的关系。在儿童时期，器官的缺陷会影响一些人的世界观，进而影响他们以后的发展。

（二）世界观的组成要素

人生目标决定着我们所有的活动，同时也影响着我们的心理机制的选择、强度和活动，这些心理机制将构成世界观的意义和表现形式。这就是我们每个人只能感受生活的特定层面、事件或只认识自身所处环境的原因。我们只看重符合自己愿望的东西。那么不了解一个人的人生目标，也就很难理解他的行为。因为不知道是什么目标影响着个体的活动，也就不能对他的行为做出合理分析。

A. 知觉

知觉是感觉器官接收外部世界的信息和刺激时将其传送至大脑后，在大脑中留下印记，形成记忆痕迹的过程。这些痕迹就组成了我们意识中的世界。但不可以将知觉与摄影相比，因为知觉受个体的性格特征影响。人是不可以感知他所看到的一切事物的，而且对于同一景物，任何两个人的反应是不可能完全相同的，对看到的事物的描述也会相去甚远。儿童感知到的仅仅是环境中符合其行为模式的事物。视力较好的儿童在感知上具有明显的视觉特征。大多数人都是视觉占优势，但也有一些人是听觉占优势，通过听觉接收到信息，获得对世界的认知。这些认知不一定与现实世界完全一致，为了与个体的认知模式相符合，人们接收到的外界信息都会经过重新编码、加工。一个人的个性表现在他是如何去感知，以及对于接收到的信息是如何加工利用的。知觉不仅仅是简单的生理现象，它还是一种重要的心理功能，我们可以从中探索人类心理活动的深渊意义。

B. 记忆

心理的发展以感知为基础，并与活动有着重要的关系。心理与活动之间存在着固有的联系，心理活动受生理活动的影响。人必须具有收集所处环境的各种刺激和整理刺激之间关系的能力，这不仅是心理发展的前提保证，更重要的是这些技能在人类防御和生存中具有重要的作用。

我们已经清楚地认识到，对于生活问题个体所做出的独特反应会在心理机制中留下印记，适应的必要性会影响记忆和评估的功能。没有记忆人类就无法做到防患于未然，避免受到伤害。我们可以大胆地做出推测，所有的记忆都有一个隐藏在内心深处未被意识到的目的，人们的记忆不是偶然的现象，而是具有预警或鼓励作用的。绝不存在无意义的记忆，只有确实了解了推动记忆的目标，我们才可以对记忆进行评估。知道人记住了某些事而忘记了另一些的原因并不重要，我们之所以会记住，是因为这些事件对某个特定的心理功能的发展至关重要，它们推动了某种潜在的心理活动。同理，那些对于实现目的来说无关紧要的事件我们将会忘记。因此我们发现，记忆也受人类生存发展这一目的的控制，受其支配，进而指导着人的整体人格的发展。一段长时记忆，哪怕它是虚假的类似那些充满偏见的儿童时代的记忆，也可以超出意识的控制进而表现出一种态度、一种情调，甚至是一种哲学观点，只要可以达成目标就一定要这样。

C. 想象

幻想和想象的产物能够清楚地表现出个体的特殊性。这里所谓的想象，指的是在引发感觉的对象不在场的情况下所产生的知觉。即想象是被复制出来的知觉，是心理功能的创造物。想象所得到的产物不仅是知觉的重现（知觉本身就是心理创造力的产物），而且是建立在知觉基础上的一个全新而独特的产物，正如知觉的产生是基于生理感觉一样。

在表象的清晰鲜明方面，幻想远远胜过想象。幻想所产生的表象具有鲜明的轮廓，就好像本来不在眼前的事物就在眼前一样，以致它们不但具有想象所具有的价值，而且还具有影响个体行为的作用。当幻想使人们感觉仿佛缺失了一个这样的虚幻的刺激物时，我们就将它称作幻觉。幻觉产生的条件与白日梦产生的条件是完全相同的。每一种幻觉都是心灵的艺术创作，根据特定个体的目标设计而成。我们可以借助下面的这个案例进行说明。

有一个非常聪明的姑娘，她违背父母的意愿，选择了不被父母认可的婚姻。她父母因此很是恼怒，竟和她断绝了所有的关系。时间一天天过去，她开始相信她父母不会原谅她。由于双方都很骄傲、固执，因此许多重归于好的努力都失败了。这个姑娘出身于一个受人尊敬的富有家庭，由于她的婚姻，她陷入了尴尬穷困的处境。但从表面上，没人能看出她的婚姻有什么不幸福的迹象。如果不是出现了一个非常奇怪的现象，人们一定会相信，她已经很好地适应了这样的生活。

这个姑娘从小就倍受父亲的宠爱，父女关系十分亲密，这就使目前的决裂让人难以接受。然而由于她的婚姻，她父亲待她很不好，父女之间的裂痕日益加深。甚至在她的孩子出生以后，她的父母都没有丝毫动摇，拒绝探望她或看看她的孩子。父母的无情，使她难以释怀，特别是在她最需要父母安慰照顾的时候，父母的态度伤了她的心。她本是一个占有欲很强的人，父母的这种态度自然触到了她心中最敏感的痛处。

我们必须记住，这个姑娘的情绪完全受她的欲望所支配。正是这个性格特征使我们得以洞察与其父母的决裂给她造成的如此之深的影响。她的母亲是个严厉、正直的人，有许多优良的品质，尽管她对待女儿较为严厉。她知道如何在不降低自己身份的同时做到服从她的丈夫（至少在表面上如此）。而实际上，她也骄傲地向人们显示她的服从，并视之为一种荣耀。在这个家庭中还有一个儿子，他的性情脾气酷似他的父亲，是这个家族的下一任继承者。他比这个姑娘更受父母重视的事实，进一步刺激了姑娘的占有欲。这个一直都养尊处优、深得父母庇护的姑娘因为她的婚姻而陷入困苦贫穷的境地，使得她经常带着日益增长的不满回想父母对她的虐待。一天夜里，在她入睡之前，她发现门被打开了，圣母马利亚走到她床前，说："因为我非常爱你，所以必须告诉你，你将死于12月中旬，我不愿让你毫无准备。"

她并不害怕这一幻影，但她仍然叫醒了她丈夫，并一一告诉他。第二天，她去看医生，把这件事告诉了医生。这显然是一个幻觉，但她坚持说，对所发生的一切，她都相当清楚明白。初看起来，这似乎不可能，但运用我们的知识认真分析，我们就能理解这一切。情况是这样的：这是一个占有欲极强的姑娘，同时，我们的观察表明，她渴望支配所有人。与其父母决裂以后，她发现自己陷入了困境之中。一个人如果竭力要征服生活中的一切，他当然很可能接近上帝并与之交谈。例如在祈祷中，圣母马利亚就经常出现在想象中，谁也不会觉得这事有什么值得注意之处，但这个姑娘的情形不同，还需要进一步说明。

不过，一旦我们明白心灵可能会玩一些小花招以后，这件事就完全失去了它的神秘色彩。很多人都有过类似的情况：不是有那么多人都做过荒诞不经的梦吗？其区别只是在于：这姑娘可以醒着做梦。我们还必须补充一点，她的抑郁感使她的欲望处于极大的压力之下。现在，我们意识到，实质上有另一个母亲来到了她的身旁，这位母亲是大众心中最伟大的母亲，与她的母亲形成鲜明的对比。圣母的出现是因为她自己的母亲不曾到来。这种幻象的出现是她对母亲对自己缺乏关爱的谴责。

这姑娘现在正在设法证明她父母是错误的。12月中旬是一个重要的时间点，在每年的这个时候，人们更倾向于维护巩固与亲人之间的关系，大多数人满怀温暖和热诚相互拜访，赠送礼物、贺年卡等。同样在这个时间，改善破裂的人际关系变得更加迫切。所以我们可以理解，这个特殊的时间与她发现自己所处的窘境密切相关。

在这个幻觉中唯一让人感到奇怪的事情是：圣母的友好到来，只是为了告诉这个年轻的姑娘，她将要死去这个坏消息。而她对丈夫述说这一幻象时所用的几乎是幸福的语调，这是一个至关重要的事实。圣母的预言很快就在她狭小的家庭圈子中传播开来，医生在第二天也知道了这件事，因而，这很容易使她的母亲改变心意，来看望她。

几天以后，圣母马利亚再次出现，再次说出了同样的话。当我们问及她与她母亲的会面结果如何时，这姑娘回答说她的母亲不承认做错了事。因此我们看到的仍然是老一套，她想要支配她母亲的愿望没能实现。

这时，我们曾力争让她的父母明白女儿生活中发生的一切，成功地安排了一次这姑娘与她父亲的会面。当时的场面很感人，但这姑娘仍不满意，她说她父亲有夸张做戏之嫌，她还抱怨说，他让她等得太久了！可见，即使赢得了胜利，她仍不愿意纠正自己的错误，仍想要证明其他人都是错误的，唯有她自己是永远正确的、是胜利者。

由前面的讨论我们可以得出这样的结论：幻觉出现于精神压力最大、害怕目标不可能实现的时候。毫无疑问，在发展相对落后的地区及在遥远的从前，幻觉会对人产生相当大的影响。

游记中有许多对于幻觉的描述众人皆知，沙漠中的海市蜃楼就是个极好的例证。在沙漠中迷路的人，又饥又渴，疲惫不堪，危在旦夕，在巨大的精神压力下，人们通过想象为自己创造出一个清朗的、使精神为之一振的景象，以减轻环境带来的压力。这里的海市蜃楼象征着一种新的境遇，它对于筋疲力尽的人们是一种鼓励，能使之重振精神，下定决心，继续前进。另一方面，它又是一种安定剂或麻醉剂，能使人忘却苦难带来的恐惧。

对于我们来说幻觉毫不新奇，因为在关注知觉、记忆机制和想象时我们已看到过类似的现象。当关注梦境的时候，我们也将看到同样的现象。想象力增强而高级神经中枢判断功能受到约束时，人们就很容易产生幻觉。幻觉在某些情况下是有益的，在紧急时刻或是危机关头又或是面临巨大威胁的压力下，人就可能会产生幻觉从而消除或克服自己的畏惧心理。面临的压力越大，人们就越难以理性。这时“自救”将成为意识的主题，人们将调动他所有的精神能量，并设法达到自救这一目的，而想象也会被迫转化为幻觉。

错觉与幻觉有着紧密的关系，两者唯一的区别在于错觉是对外部特征的歪曲，就像歌德的《魔王》中描述的情形一样。而其潜在的意义及与心理上的危机感的关系则是相同的。

我们再举一个例子，来说明在需要的时候，人们的创造力可以产生幻觉，也可以产生错觉。有一个出身于富贵之家的男人，由于学业不佳而一事无成，做了一个无足轻重的小职员。前途无望的他承受着巨大的精神压力，朋友们的责备更加重了他的心理负担。在这样糟糕的情形下，他开始酗酒，这使他忘却了压力带来的沉重感，也为事业失败找到了借口。但不久后，他患上震颤性谵妄症而被送进了医院。谵妄与幻觉有着密切的关系，在酒精中毒引起的谵妄中，患者眼前时常出现老鼠、昆虫或蛇一类的小动物，与患者的职业有关的一些幻觉也会出现。

这位病人被送进了医院，主治医生坚决反对患者喝酒，并对他进行了严格的治疗，使他彻底戒掉了酒。痊愈出院后，他三年都滴酒不沾。但最近他又回到了医院，因为他的情况出现了恶化。他坚持说他总看见一个斜眼、咧嘴狞笑的人在一旁监视他工作。他现在的工作是临时工。有一次，在那个人又一次嘲笑他的工作时，他在盛怒之下，举起铁镐朝那人投去，他想看看那到底是个真人还是个幽灵。那幽灵却闪躲开了铁镐，然后冲向他，狠狠揍了他一顿。

在这个病例中，我们再也不能说那是什么幽灵了，因为幻象是不可以用拳脚伤人的。要找到其中的答案其实并不难，他一直有产生幻觉的习惯，可这次却把一个真人当作了幻象。这就清楚表明：虽然他不再酗酒，但出院后其情形却变得更糟。他失去了工作，被赶出家门，现在不得不靠做临时工维持生计，而这却是他和朋友们眼中最低贱的工作。他生活中的精神压力并未减轻。虽然他的病痊愈了，并戒掉了酒，但却由于失去了酒带来的安慰感而变得更加不幸。在酗酒时他好歹还有一个小职员的工作，家人大声谴责他时，他还能找到借口，说自己是个酒鬼，所以才一事无成。因为自己是个酒鬼才一事无成这个理由比无能保不住工作，要光彩一些。康复之后，他不得不重新面对现实，这与从前的境况一样充满了压力。倘若他现在再次失败，他将再也找不到自我安慰的借口了，从前可以以酒作为借口，现在只能怪自己了。

在这种心理危机的情形下，幻觉就又出现了。他认为自己与从前并没有两样，仍像个酒鬼一样看待这个世界，并清楚地告诉自己，他的一生都因酗酒毁了，现在已毫无挽回的余地。他希望能够凭借自己是个病人这个理由摆脱那份有失体面、令人不快的挖沟工作，不再为自己是否应该努力而做出尝试。上述幻觉持续了很长一段时间，直到他再次被送进医院。现在，他可以靠着这样的想法来安慰自己：要不是酗酒毁了他的生活，他一定能取得很大的成就。靠着这个方法，他得以较高地评估自己的人格。对他说来，保有人格不被贬低比保住工作更重要。他所有的努力一直都是要说服自己确信，如果不是时运不济，他一定能成就一番大业！正是这种自我欺骗使他能够维持自己的人际关系，并使他认为其他人并不比他强，只不过是因为他的面前横着一个不可逾越的障碍才使他没能像其他人一样成功。他一直在竭力为自己的失败寻找托词，以安慰自己苦痛的心灵，而正是在这种心理的作用下，它产生了有人在睨视他的幻觉，这个幽灵正是他自尊心的化身。

（三）幻想

幻想是大脑的另一种创造功能。在已叙述过的种种现象中，都有幻想这一活动的存在。正像那些能进入意识之中的清晰的记忆，和那些能在头脑中建立起奇妙的上层建筑的想象一样，幻想和白日梦也应被看作大脑的创造性活动的一部分。预见和判断是任何生物体都具有的一种基本功能，它构成了幻想的一个重要因素。幻想与人这个生物体的活动性有着密切的联系，而且幻想实际上就是一种预见的方法。幻想有时又被称为白日梦（daydream），它总是关注于未来，其目的就是建造“空中楼阁”，把虚幻的事物视为真实的榜样。对儿童幻想所做的研究表明，对权力的渴求在儿童的幻想中发挥着主要作用。在儿童的幻想中常常发现他们的雄心壮志，他们总是以“我长大以后将要怎样怎样”之类的话作为开场白。也有许多成人的幻想显示自己还有待成长，他们生活的重心是竭力获得权力。这再一次表明，只有确立了目标，心理功能才能得以发展。在我们的文化中，这个目标就是获得社会承认和社会地位。个体绝不甘于中庸之道，因为在人类社会生活中人们不断地进行着自我评估，这自然会使人产生高人一等的愿望，及在竞争中获胜的希望。儿童的幻想几乎全都涉及这样的情境，在这种情境中他的权力欲望能得到充分的满足。

但我们不能一概而论，因为幻想的程度和范围没有办法做出清楚的界定。虽然在之前所说的许多情况下都是有效的，但对另一些情形可能并不适用。那些对生活充满敌视的儿童，其幻想的发展在很大程度上加强了他们的好战态度，他们事事提防，处处小心，始终处于极度的紧张状态中。对于那些体质较弱的儿童，由于他们的生活总是充满了不顺心，因此他们幻想能力的发展在很大程度上使他们趋向于孤身独处，并沉溺于自己的幻想之中。这种状态发展到一定程度时，幻想很可能成为他们用来逃避生活压力的心理机制。幻想有时可能被滥用来宣泄现实中受到的谴责。此时，幻想带给人权力满足后的陶醉，个体可以通过想象美好的事物，使自己脱离现实中琐屑无趣的生活。

在想象的世界中，社会认可及社会地位起着重要的作用。在儿童的幻想中，努力获得权力经常是为了利用权力达到某种社会目的。我们往往可以从有些儿童将自己幻想成救世主、好骑士或战胜邪恶势力或魔鬼的凯旋者中看到这种幻想。也会有儿童常常幻想自己并非其父母所生，而是其他某个家族的一员，有朝一日，其真正的父亲，一个大人物，会来把他们带走。这种幻想常见于有着很深自卑感的儿童身上，他们的需要总是得不到满足、没有受到别人的重视或在家庭中没有感受到足够的关爱和温暖。特别是那些总表现得仿佛自己已经长大的儿童，他们的这种态度就显示出他们内心渴望拥有权力。有时候这种幻想会以一种近乎病态的方式表现出来，比如，有的儿童只戴扎帽，或总捡雪茄烟蒂，借此显示自己像个男人；再比如一些希望自己是个男人的姑娘，她们的举止打扮都会像男孩子。

有些儿童没有想象力，这个说法显然是错误的。要么是他们不爱表现自己，要么就是有别的原因使他们压抑自己，不愿把自己的幻想表露出来。在这个压制的过程中，儿童也可能获得一种权威感。为了适应外界的压力，这些儿童往往相信幻想会使自己有失男人气概或显得孩子气，因而不愿沉湎于幻想之中。在有些情况下，这种对幻想的厌恶感会发展到极点，以致他们似乎真的完全没有了想象力。

（四）对梦的初步认识

除了前面已描述过的白日梦以外，我们还必须讨论一下在睡眠过程中所发生的一项重要而有意义的活动，那就是梦。我们常说："日有所思，夜有所梦。"可以说梦是白日梦的重演。老一辈经验丰富的心理学家们曾指出：通过梦可以了解人的性格。实际上，自人类历史文明伊始，梦就是人类思想的重要组成部分。和在白日梦中一样，在梦中人也还在规划设计生活，以确保他未来有个安稳的生活。二者之间最明显的区别是白日梦较易于理解，而梦的意义却鲜为人知。梦很少为人理解并不奇怪，人们通常认为：睡梦是多余而没有意义的。我们可以暂时这样说，一个人渴望获得权力、克服困难及稳固社会地位所做的努力，都会在其梦中找到投影。梦为我们提供了了解心理问题的突破口。

（五）移情与认同

人们不但能感知现实中已存在的事物，也能对将要发生的事进行预感和推测。这种预见能力对任何自由运动的生物体都是必不可少的，具有重要的作用，尤其是人这个生物体在适应环境的过程中总是要面临种种困境。我们将这种能力称作认同或移情。这种能力在人类身上得到极大的发展。其活动范围如此之大，以至于人们能在心理活动的每一角落都可以发现它。如果我们要预见在某一特定情势下所应采取的行动，我们就必须学会怎样利用我们的思维、感觉和知觉的相互关系对该情势做出合理的判断。获得一个着眼点很重要，我们要借此更努力地迎接新形势。

移情会出现在人们的交谈中。如果不能在交谈的过程中认同对方，则不可能理解对方。当某人注意到别人身处险境时，就会产生一种奇怪的焦虑不安感，这就是有关移情的一个常见的例子。这种移情作用可能很强烈，使他不由自主地做出防御动作，尽管他自己并没有面临危险。我们可以想象，当某人不小心摔坏了杯子时，在旁边的人可能做出的反应。在保龄球场，我们也常可以看到某些运动员随着球的滚动路线而移动身体，仿佛想借此改变球的运动路线。同样，在足球比赛中，看台上的观众会随着所喜欢的球队的进攻方向，做出用力向前推进的动作；而在对方球队得球时，又会做出抗拒的动作。一个较为普遍的现象是，汽车驾驶员在面临危险时，会无意间做出踩刹车的动作。如果人们从一座高楼旁经过，看到有人在楼上擦窗户，都会不自觉地做出后退、躲避的动作。当演讲者乱了方寸，讲不下去时，听众就会感觉压抑和不安。特别是在剧院里，我们很难使自己不对演员产生某种认同感，我们会不自觉地让自己扮演各种各样的角色。我们的生活在极大程度上依赖于这种认同能力。如果要追溯这种在行动和感觉上像是另一个人的能力的起源，我们可以在与生俱来的社会感中找到答案。这实际上是一种宇宙感，是我们自身与整个宇宙相互联系的反映；它是人之为人必不可少的根本特征，它赋予我们认同外在事物的能力。

正如有不同程度的社会感一样，移情也有不同程度之分。这在儿童身上可以观察得到。有些女孩子沉迷于她们的洋娃娃，就好像这些洋娃娃也是人一样；而另一些儿童则对自己的内心世界非常感兴趣。如果不关注人与人之间的社会关系，而关注于那些无价值的或无生命的物件，则个体可能停止发展。我们常见的儿童虐待动物，如果不是完全缺乏社会感，是不可能发生的，如果对其他生物具有认同能力，也是不可能发生的。认同能力缺失将导致儿童在与同伴交往时，只关注那些价值甚小或毫无意义的东西，只为自己着想，不关心他人的喜怒哀乐。这些表现与缺乏移情能力密切相关。认同能力严重缺失时，个体就会完全拒绝与其同伴进行合作。

（六）催眠与暗示

一个个体为何能够对另一个个体的行为产生影响呢？对于这个问题，个体心理学的答案是：这是我们心理生活伴随的现象之一。只有个体间能够互相影响，社会生活才成为可能。这种相互影响在有些情形中非常明显，比如教师和学生之间、父母与孩子之间、丈夫与妻子之间的关系就是如此。在社会感的影响下，人在一定程度上都乐于接受环境的影响。这种乐于接受影响的程度，要视影响者对被影响者作用的性质而定。影响者如果是在伤害对方，那这种影响将不可能长久。如果要更好地影响某一个体，就必须保证他的权利没有受到损失。这是教育学中的一个至关重要的观点。也许有可能构想其他形式的教育方法，但是只有以这种观点为出发点的教育制度才能够成功，因为它与人最原始的本能，即人与人、人与宇宙的相互联系密切相关。

只有当个体有意远离社会、拒绝接受社会的影响时，以上观点才不再适用。在个体决定远离社会并采取行动之前，内心会有一番激烈的争斗，在此过程中，个体与社会的联系逐步瓦解，最终很可能公然对社会感予以反抗。此时，几乎不可能再对他进行各种形式的有益改变。我们看到的将是这样一种戏剧性情景：他对任何想要改变他的尝试，都予以反击。

一般情况下，感觉自己受到环境压制的儿童，会对其教育者所施加的影响表现出敌意。然而，在有些情况中，由于外部压力足够大，扫除了一切障碍，因此借助权威的力量可以改变这些儿童。我们很容易发现这种服从并不具有社会意义，而且这种服从有时十分奇怪，可能会使服从者不再适应生活。他们习惯于卑躬屈膝和盲从，没有别人的命令，就无法行动和思考。这种无条件的服从是很危险的，这样的儿童长大之后会服从任何人的命令，甚至是让他去犯罪。

在犯罪团伙中常可见到这样一个有趣的现象：执行犯罪行为的人就是这一类人，而犯罪头目往往远离作案现场。几乎在所有团伙犯罪的诉讼案中，都可以找到这类充当爪牙、唯命是从的人。这种盲目服从的作用很大，有时甚至达到了不可思议的地步，一些人甚至为他们的奴性感到骄傲，认为这是实现其野心的理想途径。

如果我们观察一下正常的相互影响，就会发现最容易受影响的是那些遵纪守法、通情达理的人；他们的社会感也很少受到歪曲。与之相反的是，那些渴望出人头地、支配他人的人最难受到影响。观测的结果告诉我们的始终都是这样一个事实。

父母很少抱怨孩子盲目服从，最为常见的是抱怨孩子不顺从、不听话。研究表明，这些儿童被禁锢在一种要求他们优秀于他人的环境气氛中，尽管他们拼命反抗，想要摆脱限制他们自由发展的围墙的束缚，但由于父母错误的教育方式，正确的教育是很难帮到他们的。

对权力的渴望与接受教育的程度成反比。尽管如此，我们的家庭教育大都关注激发孩子的进取心，教孩子树立远大的志向并为之努力拼搏。并不是父母欠缺考虑，而是我们的社会文明一直鼓励这种奋争向上的精神。与之相同的是，在我们的家庭教育中，一直强调的是：你一定要比其他所有的人更优秀、更好、更荣耀。在有关虚荣的那一章里，我们还将进一步论述这种激发抱负的教育方式如何危害社区生活，及如何阻碍人们的心智发展。

无条件服从的结果是使个体深受环境的影响。想象一下服从别人所有疯狂的念头（即使是在短时间内）会是何种情形吧！催眠术就建立在类似的基础之上。任何人都可以说自己愿意接受催眠，但实际上却可能没有服从他人的心理准备。另一种人可能有意识地抵制被催眠，但实际上内心却十分渴望。在催眠状态中，被催眠者的行为只由他的心理态度决定，而他所说的和所相信的一切，都是无关紧要的。由于不了解这一事实，人们对催眠术产生了许多误解。在催眠术中，表面上看人们似乎是在抗拒着被催眠，但实际上内心是愿意服从的。这种意愿在程度上存在差异，因而催眠的结果也因人而异。对被催眠的服从程度完全不依赖于催眠者的意志，而取决于被催眠者的心理态度。

从本质上看，被催眠的状态很像睡眠。他之所以神秘只是因为这种睡眠可以通过另一个人的命令来完成。这个命令只对乐于接受的人才有效。被催眠者的禀性和性格是催眠成功与否的决定因素。只有乐于听从别人的命令、不进行判断思考的人才能被催眠，进入催眠状态；催眠不同于普通的睡眠，因为它使机体丧失运动功能的控制力，完全受催眠者的调动。在这种状态下，被催眠者处于蒙眬的睡意中，只能记得催眠者允许他记起的事。催眠最重要的一个特征是：我们的批判功能——大脑最精致的产物——在催眠过程中完全陷入瘫痪状态。可以说，被催眠者已经变成了催眠者的一只手臂、一个由他支配的器官。

大部分具有影响他人行为能力的人认为，这一技能是他们特有的神秘力量。这是相当危险的，特别是用通灵术和催眠术进行有害的活动时。这些人犯下滔天大罪，为了达成其险恶目的，他们不惜使用任何手段。当然，并不是说他们的所有罪行都是靠着欺骗进行的。不幸的是，人这种动物很容易服从，在那些装出自已有特异能力的人面前，他们很容易就会成为牺牲品。很多人习惯于不经检验就承认某一权威。公众不自觉地被骗、被吓住，而不对之进行理性思考。这种活动不会给社会带来任何益处，只会接二连三地引发人们的反抗，反抗欺骗和恐吓。会通灵术和催眠术的人不可能只手遮天、为所欲为。他们往往会有一个死对头，一个所谓的被催眠者，并被他愚弄。

在另一些情况下，真理与谬误以一种奇怪的方式混杂在一起：被催眠者可以说是个被骗的骗子，在某种程度上他欺骗了催眠者，自己又服从于催眠者的意志。此时起作用的绝非催眠者的力量，而是被催眠者是否乐于服从。没有什么魔力能够影响被催眠者，除非是催眠者虚张声势的能力。任何习惯于理性生活、自己作决定、批判地接受他人观点的人都不会被催眠，也绝不会被通灵术迷惑。催眠术和通灵术都只是奴隶般服从的表现。

到这里，我们需要讨论一下暗示。将暗示归入印象和刺激的范畴最易于理解。不言而喻，没有人可以只在一时接受外界刺激。我们时刻处于外界刺激的影响之下，并持续不断地接受着新的刺激，绝不可能只感知一种刺激。一旦感觉到某种印象，它就会一直影响着我们。当这些印象以他人的要求的形式呈现（目的是说服我们）出来时，我们就称之为暗示。这种情形不过是对被暗示者心中已有的观点进行改变或强化。真正难以理解的是，每个人对于外部刺激的反应有所不同。接受暗示影响的程度与个体的特性密切相关。我们必须记住这样两种人：一种人总是高估别人，轻视自己的见解，不管自己正确与否。他们总是高估他人的重要性，并且欣然地依从他们的见解。这种人极容易受暗示、被催眠。另一种人认为每种刺激、暗示都是对他们的侮辱，认为只有自己才是正确的，这些见解实际上正确与否他们毫不在意，他们习惯于漠视他人的观点。这两种人都有弱点，第二种人的弱点在于：不能接受他人的观点。这类人通常喜斗好战，他们可能自称乐于接受意见，并以此为傲，但这只会使他们更孤立，实际上，他们很难接近，已很难与他人共事。

第五章　自卑感与力求认同感

（一）儿童早期的情形

现在，已有充足的理由承认这样一个事实，即具有先天缺陷的儿童较之正常健康儿童在对待生活及其伙伴上，有着截然不同的态度。人们可以得出这样一个基本法则：具有先天缺陷的儿童一出生就卷入了一场艰难的生存斗争之中，而其社会感往往难以得到发展。他们对和同伴之间的交往毫无兴趣，只是关注自己及给他人留下的印象。因器官缺陷带来的不仅仅是个体的自卑感，还有社会经济压力，这增加了他们的心理负担，可能造成他们对世界的敌对态度。从很早开始，这种决定性趋势就得到确定。这类儿童常在两岁时就会感觉到，他们在竞争中各方面都不如其他同伴，即使在普通的游戏和娱乐中，他们也总是缺乏信心。以往的心酸经历使他们感觉自己被人忽略了，但又期待被关注。我们必须记住，每个儿童都有自卑的一面，如果家庭没有为他提供一定量的社会感，他就很难独立生存。当看到婴儿的柔弱无助时，我们才能意识到，在每个人的生命之初都或多或少地伴随着自卑感。每个儿童早晚都会意识到，自己不能独自应付生活的挑战。这种自卑感是儿童奋斗的驱动力和起点，决定着儿童如何得到宁静与安全，也决定着他的生活目标及扫除障碍达成目标的道路。

儿童的可塑性与其生理器官有着密切的关系。但有两个因素会破坏这种可塑性。一个是夸大的、强化的、未得到消除的自卑感；另一个是不切实的目标，即不但想要安全、宁静与社会平衡，还想要具有影响环境的能力、并可以支配其同伴。很容易辨认出有这种目标的儿童，“问题儿童”就是这样的儿童，他们往往认为所有的经历都是失败，并且自己受到自然和他人的忽略与歧视。我们必须考虑所有因素，进而才能认同儿童的发展有着不可避免的错误，是曲折的和不充分的。每一个儿童都有走入歧途的危险；迟早会发现自己处于某种危险的境地。

因为每个儿童都必须在成人陪护的环境中长大，这就必然造成他形成自己娇弱、渺小、无力独立生活的印象；不相信自可以不出错误、干净利落地完成那些别人认为他能做的简单工作。教育上的许多失误都是因此而造成的。我们的要求超过了儿童的能力范围，使儿童觉得自己无能为力，因而极其羞愧。甚至有一些成人，有意让儿童感到自己的渺小和无能为力。还有一些成人将儿童看作玩具、电动洋娃娃，或是必须小心看护的贵重财产，甚至是无用的废物。父母和成人的这些态度常会使儿童产生这样两种感觉：必须讨成人的喜欢，或令人不快。由父母造成的自卑感可能由于社会文明中的某些特性而进一步强化，例如不严肃认真地看待儿童的习惯。儿童会产生这样的印象：他是个无名小卒，没有权力，是成人的点缀，没有发言权；必须谦恭有礼、安安静静，等等。

很多儿童在被人嘲笑的持续恐惧中长大。对儿童的嘲笑奚落近乎犯罪，将长久地影响儿童的心灵，并决定他成人后的习惯和行动。很容易辨别出儿时常遭人奚落的人，这类人无法摆脱对再次被嘲弄的恐惧。不严肃认真地看待儿童的另一个行为是习惯于对儿童说谎，结果儿童不但怀疑周围环境，而且开始怀疑生活的严肃和真实。

我们曾接待治疗过这样的儿童：他们在学校里不断地大笑，看上去似乎毫无理由，但追问其原因时，他们说学校不过是父母所开的一个玩笑，不必当真。

（二）自卑感的补偿：求得认同和优越感

弥补自卑感、缺失感和不安全感是决定个人存在的目标。引人关注，想要父母注意自己的倾向在生命之初就已显露出来。在此我们发现，伴随着自卑感的影响人们逐渐产生被认同的需求，其目的是实现生存目标，并获得优越感。

社会感的程度和质量有助于确立出人头地的目标。不管是儿童还是成人，只有将个体出人头地的个人目标与其社会感程度进行对比，我们才能对他做出判断。已定的目标及实现目标获得的优越感、自我评价的提升，可以使生活显得有价值。而正是这个目标使我们认识到感觉的重要价值，它联系和协调着我们的感情，激发想象力，引导创造力并决定着我们应当记住什么、需要忘掉什么。我

儿童成长过程中，经常会遭遇各式各样的嘲笑。很多儿童便是在这种无尽的嘲笑恐惧中成长起来的。对儿童的嘲笑或奚落等同于犯罪，因为嘲笑和奚落会长久地伤害儿童的心灵，埋下祸根。我们应避免这一事件在儿童身上发生。

们能够意识到感觉、感情、情绪和想象所具有的价值并不相同，尽管它们都没有绝对的量化指标。这类心理活动要素一旦受到已定目标的影响，我们的知觉将会自动地服务于实现这一目标。

我们会根据一个固定的点来确定我们的目标方向，这个点是人为创造出来的，实际上并不存在，只是一种假设。这一假设之所以必要，是因为我们精神生活的欠缺。与其他科学中使用的假设相似，比如用并不存在但却极为有用的子午线来划分地球。在所有有关心理假设的案例中，我们必须事先假定一个固定的点，哪怕进一步的观察结果会迫使我们推翻这一假设。做假设的目的只是在一片混乱的情况中确定自己的方向，以便能更有效地发现各种相对价值。这样做的优点是，根据假定下来的点，我们可以对所有感觉和情感进行分类。

因此，个体心理学形成了自己具有启发性的体系和方法：把人的行为理解为一种反映各目的之间关系的网络，该网络基于人这种生物体的基本遗传潜能，在努力实现已定目标的影响下形成。然而，研究表明，为一目标奋斗这一假定不只是正确的虚构，而且它与实际情况在许多根本点上都是一致的，不管这些事实存在于意识生活之中，还是存在于无意识生活之中。为一目标奋斗及心理活动的目的性不仅仅是一种哲学上的假定，而且也是一个基本事实。

当我们探究如何才能有效地阻止为权力而奋斗这一恶性发展目标（社会文明的最大弊端）时，才发现实现这一目标存在着重重困难，因为这种为权力而奋斗的目标在儿童很小的时候就已经形成了。人们只能在其以后的生活中尝试改善或纠正这一倾向。然而与儿童一起生活并不能使我们拥有帮助儿童充分发展社会感的机会，也不能使他们消除为个人权力奋斗的目标。

进一步的困难还在于儿童并不公开表现出他们会为权力做出奋斗，而是将其隐藏在慈善、温柔的外表之下。他们在面纱之下小心翼翼地展开活动，希望能借此避免泄露自己的心思。为权力而做的努力如果发展到放纵不羁的程度，将会导致儿童心理发展的退化。追求安全与权力的驱动力一旦超过一定的限度，就可能使勇气变为蛮勇，使服从变为怯懦，使温柔变为支配世界的狡诈和不忠。所有的自然感情最终的表现都会伴随着虚伪的添油加醋，最终目的就是要征服周围的一切。

教育通过有意识或无意识地满足儿童的安全感来影响儿童，同时也通过教授他生活技能、赋予他受过训练的理解力及使他具有与伙伴交往的能力而去改变他。所有这些措施，无论源自何处，都是帮助成长中的儿童摆脱不安全感和自卑感的手段。在此过程中，我们必须根据他表现出的性格特征来判断发生于儿童内心之中的事，因为这些性格特征是儿童心理活动的一面镜子。虽然儿童的自卑情绪对于了解他的心理状况至关重要，但绝非衡量其不安全感和自卑感的准则尺度，因为不安全感和自卑感主要取决于他对二者的态度。

我们不能期待儿童在任何情况下都能对自己做出正确的评价，即使成人也做不到这一点！正因为如此，我们才感觉到困难重重。在一个极其错综复杂的环境中成长的儿童，他将不可避免地错误估计自己的自卑程度。而另一些儿童也许能更好地对其处境做出评估。但总的来说，儿童对其自卑感的理解会随着时间发生变化，直到最后固定下来并作为明确的自我评估表现出来，即表现在儿童所有行为之中的自我评估的“标准”。根据这个明确的自我评估“标准”或规范，儿童对摆脱自卑感所做的补偿都将指向某一个目标。

关于希望通过补偿来缓和令人痛苦的自卑感的心理，在有机界也存在着类似的现象。众所周知，当我们重要的身体器官受到损伤导致其生产能力降低到正常状态之下时，这个器官就会出现增生或功能增强的现象。因此，心脏在血流不畅时，似乎会通过从整个身体吸取新的能量，从而使心脏变得更大，直到比正常心脏更有力。同样，在自卑感或弱小无助感的强压下，心灵会竭尽全力地战胜“自卑情结”，成为自己的主人。

当自卑感被强化到一定程度，儿童就会担心自己无法补偿自己的软弱无能，于是在他力求补偿时，危险很可能会出现。他将不再只满足于恢复力量达到平衡状态，而是寻求一种过度补偿，一种超过平衡状态的标准。

对权力的过分追求，可能发展到病态的程度，这时，他们将不仅满足于普通的生活关系，各种行为都会变得夸张起来。他们能很

家境富裕的儿童，由于父母的溺爱养成了一些坏毛病：骄傲、虚荣、自大……每当看到家境不如自己或穿戴穷酸的儿童时，便会投以轻蔑的眼神及挖苦讽刺之语。这样的一种状况持续下去，只会使其阴暗的一面愈发扩散。对于此种现象，父母应该站出来，加以管束和教导。

好地适应其目标。在研究病态的权力驱动力时，我们发现，这些个体在寻求生活安全的过程中，会付出超过一般人的努力，表现得也更迫不急待、更缺乏耐心、更冲动，也更少去考虑他人。这些儿童的行动之所以引人注目，是因为他们为不切实际的出人头地的目标做出夸张的举动，对他人生活所采取的进攻，迫使他们必须保卫他们自己的生活。他们会与整个世界对立。

这并不一定就是最坏的情形。有的儿童在表现对于权力的追求时，并非故意要和社会直接发生冲突，他们的理想也看不出有什么不正常的特征。但通过仔细研究他们的活动和成就，我们就会发现，总的来说，这些儿童并没有为社会创造利益，因为他们只考虑自身的利益，并且总会使自己成为他人成长道路上的绊脚石。随着不断地成长，其他不好的特征也渐渐显现出来。从整个人类关系角度来分析，这些特质将越来越明显地表现出反社会色彩。

在这些特征中最突出的是骄傲、虚荣和不惜任何代价征服他人的渴望。后者可能通过地位的相对提高、轻视他人而得到满足。在后一情形中，重要的是拉开与伙伴的“距离”。他的态度不但会使环境不愉快，也会使身处其中的其他人不愉快，同时这种态度使他不断地接触生活的阴暗面，从而无法体会到生活中的乐趣。

一些儿童希望用夸大权力的驱动力来保证对环境的影响力，但这种驱动力很快促使他们抗拒日常生活中的工作和责任。将这种渴求权力的个体和理想的社会人作比较，就可以得出他的社会指数，也就是促使自己远离伙伴的程度。一个对人性判断敏锐的人，也会密切关注生理缺陷和不足的重要性，清楚地知道在心灵的发展过程中如果没有这些困苦，就不可能形成这样的性格。

在承认可能出现的困难在心灵固有的发展过程中的重要性这一基础上，我们就已经获得了关于人性的真正知识，只要我们彻底地发展自己的社会感，这些知识就绝不会变成害人的工具，反而可以用来帮助我们的同伴。对于那些有生理缺陷或有着不良性格的人所表现出的愤怒，我们不应持责备的态度，因为这不是他们的责任。事实上，我们应当承认他们有表达愤怒的权力！我们还应意识到，我们对他们的处境也负有一定的责任。受责怪的应是我们，因为我们缺乏足够的警惕来阻止这种社会悲剧的发生。如果我们坚持这一立场，最终我们将会改善这一状况。我们不应将这一类人看作是不值得尊敬、毫无价值的废物，而应把他们看作我们的同胞手足；我们应当为他们创造一种平等的氛围，让他们感觉自己与其他人没什么分别，相互平等。设想一下，一个一看就知道有生理缺陷的人就站在你面前，会使你多么的不愉快！这是衡量你需要多少教育的一个良好的尺度，以使你具有绝对公正的社会价值感，并与社会感的内涵保持一致。同时，我们还可以借此判断我们的文明在多大程度上是由这些个人的努力获得的。

不言而喻，那些具有先天器官缺陷的人从来到世间的那一刻开始就感到要承受更重的生存负担，因而，他们在涉及整个人生的问题上显得极为悲观。由于种种原因，自卑感日益严重的儿童也会有类似的感觉，虽然他们的器官缺陷并不是那么严重。也就是说，自卑感可能由于人为的原因而变得非常强烈，并可能产生具有先天残疾儿童那样的严重自卑感的结果。比如，在成长的关键时期，过于严格苛刻的教育就可能导致这样的不幸后果。在儿童生命早期留下的创伤，将永远不可能消失，所经历的冷淡无情将妨碍他们接近周边的人。他们认为自己身处于一个缺乏爱意、缺少感情的世界，而他们没有办法融入这个世界。

有这样一个令人印象深刻的病人，他总是不厌其烦地给我们讲他强烈的责任感及他所有行动的重要性，他和他妻子生活在一起，但两人的关系已经坏到了不能再坏的地步。他们审视生活中的每一事件并将这看作是征服对方的方法，甚至是头发的粗细。他们相互争吵、责怪和侮辱，最后导致相互疏远这一必然结果。丈夫仅存的一点点对同伴的社会感，至少是对他的妻子、朋友的社会感，已经消失在对优越感的渴求中。

我们从他的叙述中得出了这样一些事实：在17岁之前，他的身体发育不全，声音像是小男孩的声音，没有体毛，脸上也没有胡子，而且是学校里最矮小的学生之一。现在他36岁，从外表上看，看不出他缺乏男性特征，大自然似乎已经帮他弥补了之前的不足，完全脱离了17岁的稚嫩，展现出的是浓重的阳刚之气。但是整整8年时间，他的内心一直承受着痛苦，他无法预知大自然是否会对他的生理异常做出补偿。一直担心自己将永远停留在“儿童”状态，其内心会饱受折磨。

早在他的学生时代，我们就能看到他这种性格特征的表现。经常一副自高自傲的样子，仿佛他的所有行动都很重要。他的一举一动都想使自己成为公众关注的焦点。随着时间的推移，他形成了现在具有的那些性格。结婚以后，他一直想给妻子留下这样的印象：他很了不起、很重要。而妻子却总是向他证明：他自视过高，他的自我评价与实际不符。因此，他们的婚姻很难获得良好的发展，其实在他们订婚的时候就已经出现了破裂的迹象，所以最后终于在一场家庭暴动中结束。这时，他来找医生，因为婚姻的破裂使他本来就受过打击的自尊心更加伤痕累累。为了治愈，他必须听从医生的建议学习理解人性，他必须学会正确评价他所犯的错误，并认识到对自己的社会地位的错误评估，使他的人生受到歪曲，严重影响了整个生活。

（三）人生的曲线图与世界观

在说明这类病例时，证明童年经历与病人现实病症之间的关系是最简洁的方法。这可以用类似于数学公式的曲线图来表示。连接两点的线段就代表着这个方程式。许多病例中都可以成功地绘制出这种曲线图，反映出个体运动伴随的心理活动的曲线。这条曲线的方程式就是个体从人生之初就一直遵循的行为模式。或许一些读者会有这样的看法：这样过于简单的方法是对人生的低估和藐视，或是对人是其生活的主宰这一观点的否认，因而也就认为我们在否认人的自我意志和自我决断。就自我意志而言，这一谴责是对的。事实上我们确实认为这种行为模式是个决定性的因素，虽然他的最终形式可能会有某些微小的变化，但其本质内容、作用与意义从童年早期开始就会一直保持不变，虽然之后的成长环境可能会在某些情况下使其有所改变。在我们的观察中，必须找出儿童的早期经历，因为这些早期经历标示着儿童的发展方向，及其在未来对生活中的挑战所做出的必然反应。儿童应对挑战时将有可能调动在过去生活中形成的所有心理能量，幼儿早期所感受到的特殊压力将影响他对生活的态度，并以一种原始的方式决定着他的世界观及宇宙观。

人对待生活的态度从婴幼儿时期开始就会一直保持不变，虽然以后生活的表现方式与最初可能会有所不同。因此，把儿童放在一个有利的社会环境中是很重要的，那将避免他轻易形成错误观念。其中他的力量和抵抗力是一个重要因素。同时，他的社会地位及那些对他进行教育的人的性格特征也同样重要。虽然人生之初对生活的反应是自动性的、反射性的，但在之后的生活中，出于某一目的这些典型反应将有所改变。开始时，生理需要决定着他的喜怒哀乐；但到后来他却获得了躲避和战胜这些生理需要的能力。这一现象出现在自我意识形成的初期阶段，大致是他开始学会说“我”的时候。也正是在这一时期，儿童形成对自身与环境之间存在着固定关系的意识。这种关系并不是中性的，因为它总是迫使儿童根据其世界观及对于幸福和完美的理解来决定采取何种处事态度。

如果我们重述我们在论及人类精神生活的目的时已经作过的讨论，我们就会越来越清楚地认识到，行为模式是一个牢不可破的统一体，这是它的一个特别标志。将人看作具有一个统一的人格的个体，这一必要性在一些病例中变得日益重要，虽然表面上看来这些病人具有截然相反的精神趋向。有些孩子在学校的行为与在家里的完全相反，正如有一些成人表现出的性格特征正好与事实相反，使人们弄不清到底哪一个是他的真实性格。同样，两个人的运动与表情看起来可能完全一致，但根据其基本的行为模式进行分析，就会发现他们迥然各异。也就是说，当两个个体看似做着同一件事时，而实际上他们可能都做着独特而相异的两件事；而当两个人看似在做着两件不同的事时，实际上可能他们所做的却是同一件事！

由于事件背后可能存在着很多不同的意义，我们绝不能将心理活动的外在表现看作一个简单而孤立的现象，恰恰相反，我们必须结合它们的目标来做出估价。只有了解某个现象在人们生活中所具有的全部价值，才能明白它的本质含义。只有我们多次确认每一行为表现都是其行为模式在某一个方面上的重演，我们才有可能了解他的内心活动。

当我们最终了解到人类的所有行为都是为了达成某一目标，了解到这些行为自始至终都受到目标和条件的制约时，我们就能够明白在什么地方人们最可能犯错。这些错误之所以发生是因为我们每个人都是按照自己特定的生活模式，并以强化这一模式为目的来使用自己的心理能量的。之所以如此，是因为我们对任何事情都不加判断、识别，只是去接受、转换和吸收那些来自于我们意识及无意识的所有感知。只有科学能够发现这一进程并使它被人们理解；也只有科学才能改变它。在此，我们将用一个例子来总结我们对这一观点的阐释，并运用个体心理学的概念来分析、解释每一个现象。

一个少妇来找医生，抱怨说她对生活有着难以抑制的不满，她觉得这种不满来自于她终日为处理着各种各样的职责事务而奔波忙碌。从外表上，就可以看出她是一个性格急躁的人，因为她的双眼总是不停地转动着。她抱怨说，每当想要做一些简单的工作时，都会有一种巨大的不安围绕着她。从她的家人和朋友那里，我们了解到，她把一切都看得很重，而且她似乎要被繁重的负担压垮了。我们的总体印象是，她是一个将生活中的一切都看得很重的人，这是许多人所共有的特征。她的一个亲人为我们提供了一个线索，他说："她总是在一些事情上小题大做，造成无谓的纷扰。"

来想象一下，这样的行为将在一群人中或将在婚姻关系中给人留下什么样的印象，这样我们就能对这种看重一切的倾向做出分析。我们会自然而然地感到，这种倾向好像是一种请求，请求环境不要再将别的工作强加在她身上了，因为她已经不能胜任这些最基本的工作。

对这个少妇的人格我们了解得还不够充分，还需要鼓励她详述一下她自己。在这种诊察中，我们必须旁敲侧击，体贴周到，不能有支配病人的企图，那样只会激发她的防备心理。只要让她树立信心并给她谈话的机会，我们就能逐步得出结论：她整个的一生都只关心、惦记着一个目标，即向某人很可能是她丈夫，证明她再也不能承受任何义务或责任了，她应该受到温柔的对待和加倍小心的呵护。经过进一步推断，我们可以发现这一定开始于过去的某一时段，那时曾有类似的情况发生。事实表明确实如此，多年以前，她曾有一段时间急切渴望温情。这样，我们就能更好地对她的行为进行分析了：之所以出现上述行为是她渴望体贴关心的愿望强化的结果。过去她对于温暖和关爱的渴望一直没能满足，因而她现在试图阻止同样的事情再度发生。

她进一步的叙述证实了我们的发现。她告诉我们，她有一个在很多方面都与她完全相反的朋友，这位朋友有着不幸的婚姻，并希望从中逃离出来。一次她去见这位朋友，见到她正拿着一本书站着，用一种厌烦的声调告诉丈夫，她实在没有心思做午饭。这惹恼了她的丈夫，他措辞严厉地批评妻子的人格。对于这件事，我们的病人是这样讲的："当我碰到这样的事情时，我想我的遭遇一定会好很多。谁也不会用这样的方式来责怪我，因为我从早到晚都忙得不可开交。如果在我家，午饭没能按时准备好，谁也不会对我说什么，因为我总是很忙，总有那么多事要做，难道我现在要放弃这种方法吗？"

我们能明白她在想些什么。她用一种相对而言无关痛痒的方法为自己获得了一定的优势，这同时又使她免于受到责怪，因为她总在恳求得到温柔的对待。既然这方法是成功的，那么要她放弃似乎显得不合情理，但她行为的深层含义不止这些。她对温情的渴求（这同时也是控制他人的一种企图）永远不会停止，而这必然会引发各种各样的矛盾。如果家里有什么东西找不到了，随之而来的必然是一连串的"无事生非"。接下来由于要做的事情太多，她必然会时常犯头疼病，夜里也睡不安稳，因为她必须使一切都井然有序。接到请柬对她来说是一件极其重要的事情，既然一件最简单的事对她来说都是大事，那么到别人家做客就更为重要了，她要花数小时乃至数天才能准备好。我们可以预想到，她要么会因不能前往向对方致歉，要么会迟到。在这种人的生活中，社会感是有限的。

在婚姻生活中，存在着一些关系，它们因为这种对温情的渴求而显得特别的重要。这很容易想象得到，比如丈夫忙于公务不能在家、要去拜访他人，或必须出席所属协会的会议。如果在这些时候让妻子独自在家，妻子会不责怪丈夫不温存、欠体贴吗？我们可以这样说，事实也确实如此，婚姻关系是一个很好的将丈夫留在家里的理由。从某种程度上讲，这似乎是件令人愉快的事，但实际上对于那些有职业的男人来说却是难以忍受的痛苦。这时，矛盾也就不可避免地出现了，正如我们这个实例中一样。丈夫时常很晚才上床睡觉，以免打扰到他的妻子，可令他吃惊的是妻子总是还醒着，并报以充满责怪的眼神。

无须其他案例，因为我们不是在谈论女人的小伎俩，虽然许多男人都这样认为。我们仅仅是要表明，对关爱的渴求有时会以其他方式表现出来。在这个病例中会出现下列情况：有时，丈夫需要在外面过夜，他的妻子就会告诉他，既然很少出入社交场合，那么他可以回来得晚一些。虽然是用打趣的语调说的，但其用意却是很认真的。从这个病人身上，我们还能进一步发现童年的经历对个体生活发生影响的一个颇有启发性的例子。我们无法否认，从这个少妇的角度看她的观点是完全正确的。如果一个人一生都在态度上表现出对获得温暖、尊敬、荣誉及温情的强烈渴求，那么，总是做出一副负荷过重、疲惫不堪的样子，这是达到这一目标的一个不错的办法。其他办法不能像这个方法一样在避免批评的同时又获得他人的温柔呵护，并且还可以避免受到其他一切影响这种平衡状态的事物的破坏。

回顾她的成长经历，我们就会发现在求学过程中她就表现出这种倾向了。每当她做不完家庭作业时，她就会变得异常兴奋，并以这种方法迫使老师非常温和地对待她。她还补充说，她是家里的老大，下面有一个弟弟和一个妹妹。她时常和弟弟发生摩擦，因为父母总是比较偏爱弟弟。更令她恼火的是，大家总是十分重视弟弟的学习，而她的成绩（开始她是个好学生）虽好，人们却毫不在意。最后，她再也不能忍受了，便整天抱怨不停，她想知道为什么自己的好成绩没能得到大家公正的评价。

由此我们可以知道，这个小姑娘在力求平等，从童年早期就已经产生一种自卑感，并一直试图克服它。好成绩没能给她带来补偿，于是她变成了一个坏学生。她想通过自己的坏成绩来超过她弟弟！这不是什么高尚的品德，但她幼稚地认为这样做是合理的，因为通过这样做她父母的注意力会更多地放在她身上。她的一些小把戏一定是有意而为之的，因为她清楚地告诉我们，当时她想当一个坏学生！

然而，她父母一点也不为她的成绩差而感到苦恼。这时，一件有趣的事发生了！她突然在学习上有了显著的进步，因为现在她妹妹作为一个新角色登场了！妹妹的成绩也很差，但她母亲对此所表现出的担忧和对她弟弟的几乎完全一样，其特殊之处在于：我们的病人只是学习成绩不好，而她妹妹却是品行和成绩都不好。这样一来，她自然很容易引起母亲的注意了，因为品行差比起仅仅是成绩不好有着完全不同的社会效果。父母特别着急，自然投放了更多的心思在妹妹身上。

这场争取平等的战斗暂告失败，但失败并不意味着永久的和平。没人能忍受这样的境遇。之后，我们不断发现她性格的新趋向和新活动。我们现在就能更好地理解她的小题大做、紧张忙碌及表明自己不堪重负等做法的含义了。这些最初是做给她父母看的，意在迫使她父母能像对弟弟、妹妹一样在意她；同时，也是对父母偏爱弟弟妹妹而忽视自己的一种责备。那时所形成的基本态度一直保持到了现在。

我们还可以再深入了解她更早的生活情况。她记得在她童年时代曾有一件印象特别深刻的事。当时她想用一块木头去打她那刚刚出生的弟弟，由于她母亲的谨慎，才没有造成很大的伤害。那时她3岁，但她已经发现她之所以受到父母的忽视仅仅因为她是个女孩。她清楚地记得，她曾无数次盼望自己变成一个男孩。弟弟的诞生不但将她赶出了温暖的安乐窝，还使她倍感侮辱，因为弟弟作为一个男孩，受到的待遇比她曾经得到的要好得多。她在力求弥补的过程中，偶然地发现了一个方法，就是总装出一副不堪重荷的样子来获得人们的关注。

现在我们来阐释一个梦，以表明这一行为模式已经深深植根于她的内心。这个少妇梦见自己在家中与丈夫聊天，但她丈夫看上去不像个男人，倒像个女人。这一细节是她处理自己的一切经验和关系的心理模式的象征。在这个梦中，她在她丈夫那里找到了平等，他不再是像她弟弟那样高高在上的男人，而已经像个女人了，他们之间没有地位上的不同。在梦中她实现了她从童年时期就一直希望实现的梦想。

用这样的方式，我们成功地将一个人心理活动中的两点连接了起来。我们了解了她的生活方式、生活曲线及行为模式，并从中得到了一些关于她的全面的认识，总结起来就是：在这个案例中所谈及的是一个用温和方法力求支配他人的人。

第六章　生活的准备

个体心理学的一个基本原理是：所有的心理活动都可以被看作为实现目标所做的准备。在之前已经描述过的内心活动中，我们可以看到为将来目标的实现个体需要时刻做好准备。在将来，个体的所有愿望似乎也都能得到实现。这是一种普遍的人类经验，我们也都必须经历这一过程。所有涉及理想生活情形的神话、传说和英雄传奇都与此有关。人们关于天堂确实存在的坚定信念及对之更深层次的思考（人类对所有困难都将顺利解决的愿望），都可以在宗教中找到。灵魂不灭的信条或灵魂的轮回转世，都是灵魂能够涅槃升华这一信仰的证据。所有神话故事都是人类渴望幸福生活这一事实的见证。

（一）游戏

在儿童的生活中有一个重要的现象，它清楚地显示了幼儿为未来生活做准备的过程，这就是游戏。游戏不应被看作是父母或教育者们偶然想出的主意，而应是教育的辅助手段，用于培养儿童的生活技能，并为其心理发展提供刺激。所有的游戏都是为未来而做的准备。儿童对待游戏的态度、他做出的选择、他对游戏的重视程度，都反映了他对环境的态度、与之的关系，及他与伙伴交往的方式。他是敌对还是友好，特别是他是否有控制欲，都可以从他的游戏中看到。在观察正在做游戏的儿童时，我们能够发现他对待生活的整体态度。儿童的游戏可以被看作对未来生活的准备，这一发现归功于教育学教授格罗斯，同时他还在动物的玩耍中发现了同样的现象。

但是，对于游戏的本质，“准备”这一概念并不能包含我们所有的观点。最重要的是，游戏是一种社会练习，它能使儿童满足并实现其社会感。不愿游戏和玩耍的儿童总令人怀疑他们的适应能力。这些儿童很高兴可以远离所有的游戏，如果将他们强拉上运动场，结果通常会使其他儿童扫兴。骄傲、自卑、及对角色扮演的担忧都是儿童不喜欢游戏的主要原因。一般而言，通过观察游戏中的儿童，我们能非常清楚地了解到他们的社会感发展得如何。

企图超越他人，在游戏中是很常见的一个现象。它显示出儿童想当指挥者和统治者的愿望。观察儿童如何占据统治地位及对他扮演主要角色的游戏的喜爱程度，我们就能发现儿童的这种倾向。所有的游戏几乎都至少含有下列因素中的一个：为生活做准备、社会感、控制欲。

然而，还有另一个因素需要我们考察，那就是儿童在游戏中表现自我的可能性。在游戏中，儿童或多或少都有自己的位置，他们的表现也受他们与其他儿童的关系的影响。有一些游戏特别注重这种创造性倾向的培养。在为未来职业做准备方面，那些可以让儿童的创造能力得到锻炼的游戏显得非常重要。在许多人的成长经历中都可以发现，那些在儿时给洋娃娃做衣服的人，长大后也可以给成人做衣服。

游戏与灵魂密不可分，它可以说是一种职业，我们也必须将它看作是一种职业。因此，在儿童玩游戏时打扰他们，并不是无关紧要的。游戏也不仅仅是一种消遣的方式，在为将来做准备这一目标上，每个儿童多少都有点儿像成人。因此，我们了解了一个人的童年经历，就能更容易对他做出评价、得出结论。

（二）注意力的集中与分散

注意力集中是心理活动的特征之一，而心理活动是人的所有活动中最重要的。当我们用感官去探索我们身体内部或外部的某一特别事件时，就会有一种特殊的紧张感，这种紧张感并不延伸至全身，而是仅限于某个感官，比如眼睛。我们感到正在做着某种准备。以眼睛为例，视轴的定向就给我们以这种特殊的紧张感。

注意力集中引发神经的某一部分或运动肌的某一部分产生紧张感，同时其他部分的紧张感就会被排除在外。因此，一旦我们想要专注于某一事情时，就会希望排除掉其他一切干扰。就心理活动而言，注意力集中意味着一种态度，即乐意在自身和特定事件之间构架一座特殊的桥梁；或意味着准备进攻，这种进攻是必需的，它要求我们的所有功能都调动起来并指向一个特别的目标。

除了病人和意志薄弱者之外，每个人都有集中注意力的能力。但是，精神不集中的人也到处可见。原因有以下几个：首先，疲劳

注意力集中是心理活动特征的一种表现，图中瞌睡的儿童之所以瞌睡，原因在于其对课程的喜爱程度不高。他对该课程没有兴趣，于是在其心理活动作用下，他以注意力不集中——瞌睡的方式予以回应。

和疾病是影响注意力集中的因素。其次，应专注的对象与个体的行为模式不相适宜，他们不想集中注意力，这是一些人的注意力欠缺的原因。而当二者相适宜时，他们的注意力就会很快集中起来。注意力不集中的另一原因是对注意目标具有敌对的态度。儿童很容易陷入敌对抗拒之中，对于提供给他们的每一种事物，都回答以“不”。因而十分有必要将这种敌对转变为不带偏见的客观态度。教育者和教育机构的职责，就是将儿童必须学习的东西与他们联系起来，使之与他们的行为模式相协调，并贴近他们的生活方式。

有的人能看见、听见和感知到生活中的每一个变化，有的人却只用眼或耳朵去探索生活，而有的人则什么也看不见、什么也注意不到，对眼前的一切毫无兴趣。我们可能会发现某个人面对最能调动其兴趣的环境时，仍精神涣散、注意力不集中，这是因为他较为敏感的感受器没有接收到刺激的原因。

使注意力集中最重要的因素是真正深深植根于生活的兴趣。兴趣所处的精神层面远深于注意力。如果我们有了兴趣，那么集中注意力将是不言而喻的。只要有兴趣，教育者就无须担心注意力的问题。兴趣成了为完成目标而掌握某一领域知识的万能钥匙。在每个人的发展过程中都曾犯过错误，因此一旦某种错误态度固定下来，注意力便同样会受到牵连，从而使注意力指向那些对生活并不重要的事情。当兴趣指向自己的身体或权力时，只要关涉到这些有待获得的东西或只要自己的权力受到了威胁，他就会变得专注，精神集中起来。只要新兴趣还没有取代对权力的兴趣，那么注意力就永远不会转移到外部事物上。我们可以观察到，当儿童被质疑或被忽视时，他们会立刻精神集中起来。与之相反，当他们对某事不感兴趣时，他们的注意力就会变得分散。

没有兴趣也就意味着他想脱离这一情境，虽然他被要求专注其中。因此，说某人不能专心致志是错误的。我们很容易证明他具有专心致志的能力，只是专注于其他事情上罢了。所谓缺乏意志力、缺乏活力与无法专心致志是很相似的。在这些病例中，我们常常发现其倔强的意志和百折不挠的活力可以在其他地方表现出来。对应的治疗并不简单，只有改变个体所有的生活方式才有可能成功。遇到这样的病例时我们相信，注意力不集中只是因为他的目标不在于此。

注意力分散在人们的性格中是很常见的，我们也经常看到这样的人。当被要求去做他们不喜欢做的工作时，他们要么消极怠工，要么完全回避，结果他们总是增加别人的负担。经常性的注意力不集中成了他们特有的性格特征，当他们被迫做无兴趣却不得不做的事情时，这一特征就会凸显出来。

（三）过失犯罪与健忘

我们通常所说的过失犯罪（criminalnegligence）指的是由于疏忽而没有采取必要的预防措施，从而导致个体的安全或健康受到威胁的情形。过失犯罪是注意力不集中的一种现象，是因为对自己的同伴缺乏关注的兴趣。通过观察游戏中的儿童所犯的过失，我们就能判断儿童是只考虑自己，还是会兼顾到他人的权力。这是衡量一个人的社会意识和社会感的明确标准。社会感发展不足的个体，即使在惩罚的威胁下，也难以对伙伴产生兴趣；而一旦社会意识得到充分发展，这种兴趣也就必然随之产生。

因此，过失犯罪意味着社会感发展不足，但我们不能过于草率地得出结论，而不调查个体为什么对其伙伴不感兴趣。

注意力是有限的，因此也就会有健忘的产生，比如不小心丢失了贵重物品。虽然有时是因为较为紧张，或不愉快的心情而丧失兴趣，但这些都可能会造成记忆的丧失或减退。比如我们总是轻易认为，儿童之所以丢了课本，是因为他们还未适应学校的环境；家庭主妇经常弄丢钥匙或将钥匙放错位置，是因为对家务事不熟练。健忘的人通常不愿意公开表现出对工作或任务的反感，而是用健忘来暗示自己。

（四）无意识

我们经常看到一些人从未认识到自己心理活动具有何种意义。注意力集中的人也很难解释为什么人们能够毫不费力地看清事物的全貌。某些心理功能是无法被人们意识到的；尽管我们可以有意识地增强注意力的集中程度，但大部分的刺激物并未被人们意识到，而是处于无意识之中。广而言之，这是心理活动的一个方面，也是一个重要因素。我们可以通过观察一个人的无意识行为发现他的行为模式。这些行为模式存在于意识之中，只是无意识的一个影像、一张底片。一个虚荣的女人往往无法意识到自己的虚荣心（虽然她在不少地方表现出了这种虚荣），因为在很多时候她的行为很容易让人觉得她是个朴素的人。事实上应该让她认识到自己的虚荣心，只有这样她才不会再虚荣下去。但一切都只是徒劳的，因为她会将注意力转移到其他无关紧要的、不相干的事情上去，而拒绝认识到自己的虚荣，并借此获得安全感。这个过程是无法在明面上开展的。如果你想和一个虚荣的人谈论他的虚荣，你就会发现很难将话题进行下去。他可能会避而不谈，或言辞闪烁，以免使自己难堪。而这反而更加肯定了我们的判断。他想要些小把戏，而一旦有人试图拆穿时，他会马上采取防御措施。

人大致可以分为两类：对自己的无意识了解高于平均水准的人和低于平均水准的人，这是根据意识范围来区分的。在许多病例中，我们都可以发现这样一个现象：后一类人只关注小范围内的活动，而前者的注意范围较为广泛，对各种人、事物、事件和观念都有着浓厚的兴趣。那些感觉自己被逼入绝境的人自然只满足于了解生活的一小部分，因为生活对于他们来说是陌生的，他们与那些遵守游戏规则的人不同，他们无法找到问题所在，也不能理解生活中美好的事物。因为他们对于生活的兴趣有限，所以他们只能感知到生活中无关紧要的部分。更深层次的原因是他们害怕广阔的视野会使他们失去权力。就个体的生活事件而言，我们常发现某一个体由于低估自己的价值而对自己的能力一无所知。同时，他对自己的缺点知之甚少。可能他觉得自己是个好人，而事实上他所做的一切都为了满足自己的利益；反之亦然，可能他觉得自己是个自私自利的人，而实际上却是个好人。实际上，你如何看待自己，或别人如何看待你都并不重要，重要的是你对于人类社会的态度，因为这决定着个体的所有愿望、兴趣和活动。

我们下面将要讨论的是这样两类人。第一类人过着一种更有意识的生活，他们力图客观地对待生活的种种问题，不会出现“一叶障目，不见泰山”的现象；第二类人则对生活抱有偏见，只看到生活的一方面，语言和行为总是受到某种无意识的方式支配。两个第二类的人是很难共处的，因为他们总是相互对立，因而相处起来就存在重重困难。这种反映是很正常的，如果他们不互相对立反而是很稀奇的事。他们都对对方一无所知并且坚信自己是正确的，他们不断寻找证据，声称自己是捍卫和平与和睦的战士。然而事实与此相去甚远。实际上，他们的每一句话都带有偏见，都在尝试从侧面攻击对方。通过进一步的观察，我们发现这些人一生都沉浸在敌对和好战的想法中。

在人类自身中有某种力量，虽然无法意识到，但却一直在发挥作用。这些力量隐藏在无意识中，在不知不觉中影响着人们的生活，有时甚至造成令人痛苦的后果。陀思妥耶夫斯基在其小说《白痴》（*Theidiot*）中对这种病例进行了描述，其精彩程度令后世的心理学家都惊叹不已。在一次社交聚会上，一位贵妇人用嘲弄的口吻警告公爵（小说的男主人公），他身旁的那个花瓶价值连城，要小心不要碰倒了。公爵向她保证会小心在意的。但几分钟以后，花瓶倒在地上摔得粉碎。在场的人都认为这是公爵故意做的，因为这很符合公爵的性格，他认为那贵妇人的话侮辱了他。

在对一个人做出评判的时候，我们不能仅仅看到他有意识的行为表现，还要注意到个体思想和行为中一些未被意识到的小细节，这将为我们提供揭示其本质的线索。

诸如咬指甲、挖鼻孔等令人不悦的动作，有这些坏习惯的人根本没有意识到，这些行为向人们表明他们是很顽固的人，他们也不了解他们形成这些不良癖好的原因。不过，我们都有过这样的认知，他们一定经常因坏习惯受到他人的批评，而直至今日他们的坏习惯仍然没有得到纠正，那我们就可以认定他是个顽固不化的人。通过观察这类看似无关紧要、实则反映出人的整体素质的细节、小事，我们可以分析得到对于任何人的整体认识。

下面的两个病例可以很好地证明，无意识事件曾保存在无意识中，后来可能出现在意识层面。人的心理功能统管意识活动，在某些心理活动中将必要的东西维持在意识层面。反之亦然，将某些暂时无用但对个体维护其行为模式十分重要的东西保存在无意识中，将之变为无意识的一部分。

第一个病例的主角是一个年轻人。他是家里的老大，有一个妹妹。在他10岁时，他的母亲去世了。他的父亲是个非常聪明的人，善良有礼。母亲去世后，父亲负责教育他们。他对儿子的期望很高，想让儿子成为一个胸怀大志的人，为此用心颇多，不断督促鞭策儿子为远大的目标努力奋斗。儿子听从父亲的鞭策，努力学习并成了班上的尖子生，同时在思想品德和自然科学方面也一直名列前茅，这使他的父亲很满意，从一开始他就希望儿子能够成为一个优秀的人。

渐渐地，这个年轻人形成了一些他父亲不喜欢的性格，而这让他的父亲感到非常担忧，极力想让儿子改掉这些毛病。同时，随着妹妹一天天长大，他们之间的竞争也越来越激烈。妹妹的成长经历一直很顺利，只是在与哥哥的竞争中，总是靠向父亲展示自己的弱小来获得父亲的关爱，因此她经常通过做一些打击、贬低哥哥的事情来获得父亲的赞赏。比如她很善于做家务，在这方面她哥哥很难与她竞争。作为一个男孩，无论这个男孩在其他领域里多么轻而易举地获得成功，得到他人的赞赏，但在家务事上他却是十分生疏的。随着儿子青春期的到来，他父亲很快注意到了儿子不正常的社交活动。现实的情况是：他没有社交活动，他对所有人都抱有敌意，并且逃避、害怕与女孩子接触。刚开始，父亲觉得这不是什么严重的问题，但随着儿子社交恐惧程度越来越深，他发现儿子连家门都不愿出，连散步都感觉害怕，只能在傍晚天色较暗时出门。虽然他在学校的表现和对他父亲的态度仍如以前一样都很好，但实际上他已经开始深居简出，甚至开始不再和原来的朋友来往。

当情况十分严重，他已经闭门不出的时候，他父亲带他来看医生。经过几次诊断，医生找到了问题的症结。他觉得自己很丑，因为他的耳朵太小了，而事实并非如此。医生尝试纠正他的错误想法，因为他的耳朵与其他男孩的耳朵一样，并没有什么不同。同时还提醒他，这仅仅是他害怕与人接触的借口。当医生如此说时，他又说自己的牙齿和头发长得不好看，而事实同样并非如此。

从他的成长经历中，我们很容易就可以发现，他是个很有雄心的人。他非常清楚自己的雄心壮志，但他知道这样的性格是他父亲培养出来的。他也明白父亲为了使他成功，不断对他进行鞭策和鼓励，促使他一步一步地走向成功、拥有自己的事业。在科学领域有所建树是他的未来目标。这一目标本身是没有错误的，如果他没有出现对社会、对他人的恐惧和逃避。为什么他会用如此幼稚的借口作为理由呢？如果这些借口属实，那他确实有理由如此，因为在当今社会面容丑陋的人确实会遇到很多困难。

进一步了解就会发现，这个年轻人的远大抱负有一个特别的标准。之前他一直是班上的第一，也希望一直保持这种优势地位。为此他觉得自己必须专心致志地努力学习，不仅如此，他还想要免除一切与他的目标无关的事情。也许他会这样说："既然我的目标是名扬四海，投身于科学事业，那其他一切的社会交往都是多余的，都与我无关。"

但事实上他并没有这样的想法，也没有这样说。而仅仅是以自己长得丑为借口来达到他免除一切社交活动的目的。原来无关紧要的事现在在他看来却是很重要的，因为它为他实际上想要做的事找到了理由。他现在所需要的就是自欺欺人的勇气，通过夸大他的丑陋，去完成他的目的。如果他只是说想像原始人那样过离群索居、潜心修炼的生活，以实现他出人头地的远大目标，那么别人很容易就会知道他之所以那样做的原因。在他的内心深处已经下定决心，潜意识里想要实现自己的远大目标，但事实上他并没有觉察到这个目标对自己的重要性，因此也就没有意识到之所以这样做的真实原因。

在他的意识中从未想过孤注一掷，放弃生活中的一切，去实现这一目标。即使他下意识地想到了这一点，他也不敢公然决定放弃一切只为了自己在科学领域获得成功，占有一席之地，因为他没有把握可以稳操胜券，因此以自己长得丑为借口从而避免与人交往，这看起来要好很多。除了以上原因外，还有一个重要的原因，那些公然声明自己想要放弃一切社交活动以达到自己出人头地目的的人，都会得到其他同伴的嘲讽。在大家看来这个想法是十分可怕的，应该想都不要想。有一些想法是不能公开的，这既是为了别人，也是为了自己。正因为如此，这个年轻人放弃生活中的一切，只专心于学习这一念头也只能保留在他的无意识中。

如果我们现在鲁莽地告诉这个年轻人他的主要动机是什么，他之所以不敢正视自己内心中某些想法的原因是什么，也就是因为害怕自己的行为模式受到破坏，那他的心理机制一定会遭到扰乱。因为他曾花费一切力量、不惜一切代价想要阻止的事现在终于发生了！深藏在他无意识中的想法一下子清晰起来！那些之前他不敢想、不敢有的想法、念头，一旦出现就会搅乱其整个行为模式，使其赤裸裸地展现在人们面前。这里存在着一个普遍规律：人们都会坚信那些证明他的态度是正确的思想，而排斥那些阻碍他按既定方式行事的观念。人们只会接受那些对自己有益的或有价值的东西。只要于我们有益，那就会存放在意识中；只要会干扰我们的心态平衡状态，那就被放入无意识中。

第二个病例的主角是一个很能干的男生。他父亲是位教师，他经常激励儿子要在班上力争名列前茅。在这位患者的早年生活中，他获得了一个又一个胜利。在他的交际圈中，他是最成功也是最有魅力的，拥有几个至交好友。

但在他18岁那年，这些情况发生了很大改变。他对生活失去了乐趣，心情变得压抑沮丧，神智恍惚，不愿与他人接触，畏惧社交活动。每次结交一个新朋友，没过多久友谊就会破裂；人们都觉得有什么东西在阻碍着他的活动。不过他的父亲并不认为这是坏事，他觉得这种闭门索居的生活能够使儿子更专注地学习。

在治疗期间，这男孩对父亲有很多抱怨，觉得父亲抢走了他生活中的所有乐趣，使他没有勇气继续生活，他现在一无所有，只能苦守着自己的悲哀了却一生。他的学习进度也慢了下来，考试成绩开始不及格。他说这一切开始于一次社交聚会，在那次聚会上由于他不熟悉现代文学，而遭到朋友们的取笑。这样的经历有很多，使他害怕参加聚会，也开始了与外界的隔离。他确信他父亲应为他的不幸遭遇埋单，而父亲并不这样认为，因此他们的关系变得越来越僵。

这两个病例在很多方面类似。在第一个病例中，患者因与其妹妹的竞争失利而受挫；在第二个病例中，则是因为对父亲教育方式

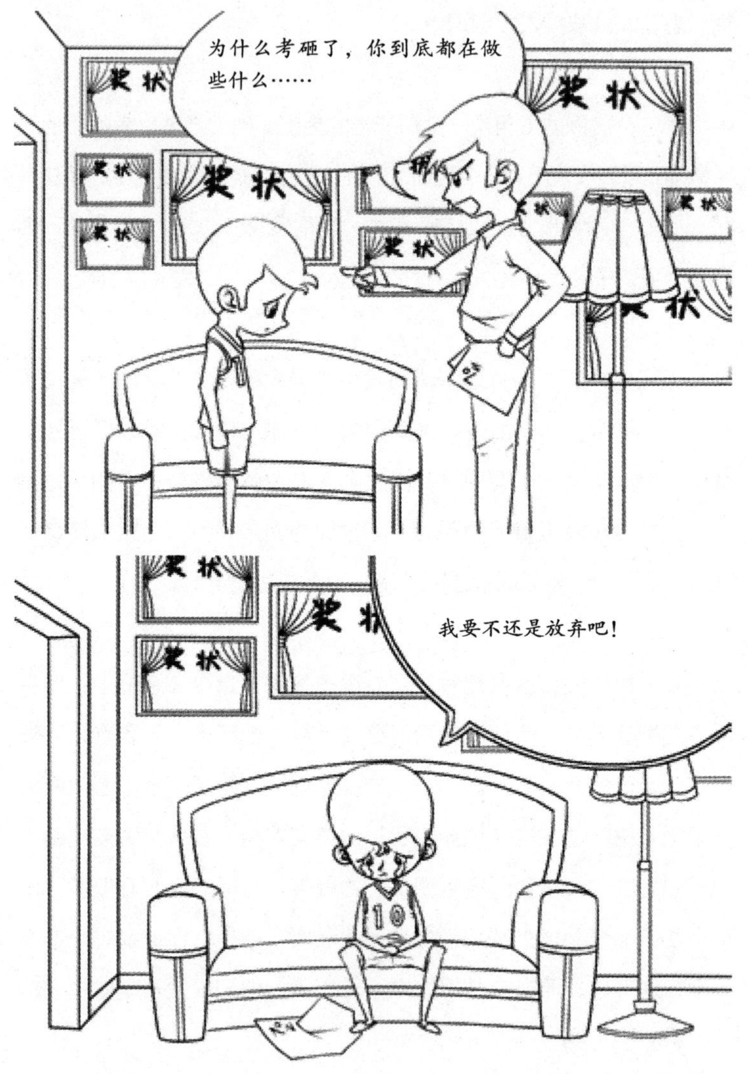

儿童往往因为父母的错误的教育方式，而改变了一生。如图所示：儿童因为一次的失败遭其父亲一通训斥，使其信心锐减。儿童心生放弃很大程度上是对父亲错误教育的一种抵触和回应。在面对自己孩子的失败的时候，作为父母应该给予安慰和鼓励，增加其信心，而不是变相打击。

的不满。两个病人都有一些所谓的“英雄主义”，他们都认为自己是如此的完美，能力卓越，以致忽视了生活中的一切。当他们遭受失败、受挫时，他们变得心灰意冷，甚至彻底放弃去争取、奋斗。但是，不同之处在于，第二个患者绝不会说：“既然我不能继续如英雄般生活，那我就彻底放弃吧，我会在痛苦中度过余生！”

不可否认，他父亲的观点及采取的方式是错误的、不恰当的。但我们应该注意得到，男孩只看见他父亲的错误，不断地抱怨父亲这种错误的教育方式，因为他在为自己远离生活找借口，好像是在告诉人们因为父亲的错误教育方式，他不得不与社会隔绝，因为他别无他途了。这样一来，他便会产生这样一种感觉：自己并不应该受挫，之所以会如此全都是他父亲造成的，父亲应该为他的不幸负责。因为只有这样，他才能保有一点自尊，他才能这样安慰自己：“我有过一个辉煌的过去，本来也可以有一个同样光明的未来，只因为父亲错误的教育阻碍了我继续前进的道路，不能再大展雄风获得更大的成就了。”

从某种意义上讲，在他无意识中保留着这样一种想法：“既然我现在已经失败，已很难再做到名列前茅，那我就应该放弃，不需要再拼搏了。”但这种想法是难以令人相信的，也没有人会说这样的话，不过他的行为清楚地表明他确实是这样想的。这需要经过内心的多次辩论才可以表现出来，他不停地指责父亲错误的教育方式，最终做出决定：他要避开社会、避开生活中一切！不过如果这样的想法上升到意识层面的话，那一定会搅乱他的行为模式，因此，它必须存留于无意识中。因为他有着辉煌的过去，那么又有谁可以说他是一个无能的人？这样即使他没能再取得辉煌的成就，也没有人来责怪他！只会怪他的父亲没有好好教育他，责任在他的父亲身上。在这个案例中，他担当着三个角色：被告、索赔人及法官。他不会放弃这如此有利的角色，因为他非常清楚地知道，只要他愿意拿出自己的撒手锏，他的父亲就一定会受到责备，而不是他自己。

（五）梦

人们一直认为，从一个人的梦中可以看出他的人格。与康德同时代的学者利奇坦伯格曾经说过："梦比言谈举止更能透露出一个人的性格和本质。"不过这有些言过其实，我们认为，必须以最谨慎、认真的态度来做研究，对于心理活动的任何现象，要结合其他现象来进行分析。因此，对于梦反映出一个人的性格的观点，我们还需要寻找证据加以证明和补充，才能对梦做出正确的解释。

史前,人们就开始对梦的意义进行研究，通过研究各个时代的文化发展史，特别是对其中的神话和英雄传奇进行研究，我们发现古时的人们比我们更重视梦的意义，那时的人们也比我们现在对梦有更多的了解。对于这一点的证明，只需回忆一下西塞罗所写的那本关于梦的书及《圣经》（*The Bible*）中所讲述的诸多梦境，我们就会知道梦在古希腊人生活中是多么重要。《圣经》中的梦，要么得到了聪明的解释，要么就是平铺直叙地缓缓道来，似乎不解自明，让人们自己去正确解释并理解它们。例如约瑟夫（Joseph）梦见麦捆，并将他所做的梦告诉他的兄弟们，就属于这种情况。除此之外，在起源于完全不同的另一种文化中的尼伯龙根（Niblungen）英雄传奇中，梦被作为一种证据。

如果仅仅将梦看作是了解、分析心理活动的手段，那么我们将和那些认为梦反映了未知的神秘世界或具有超能的人一样，看不到问题的本质。只有在我们的观点经过现实的检验后，才能肯定我们有关梦的理论是正确的。

直至今日，人们仍相信梦具有预示未来的能力。有些唯心论者甚至认为梦决定着我们的生活。有一个病人就是这样的，他放弃体面的工作，进入股票交易所进行投机。他依据自己的梦进行投机，并坚信只要按照梦的指示做，他就会成功。确实，这正符合人们的常识：日有所思，夜有所梦，而他把梦当成了预示。这样，梦成了他的良师益友，并让他觉得自己之所以成功都是因为梦的预示作用。但过了一段时间后，他却告诉我们，他再也不相信梦了，因为他的钱几乎赔了个精光。输赢对于股票市场的投机商人来说是常有的事情，即使没有梦的预示，人们也会时输时赢，这并不能看出梦有什么特殊的作用。一个人如果对某一事情特别在意、感兴趣，那么在睡梦中他也会想着它。有的人心事很重，会反复地思考他们的问题，不能安睡；又有些人会在睡梦中绞尽脑汁地安排着自己的未来。

其实，梦只是在睡眠状态下占据我们意识活动的一种特殊现象，它连接着过去与将来。当了解一个人的生活态度及认知“现在”与“未来”之间关系的方式后，我们就能明白在他的梦中过去与未来之间是如何建立联系的，从而得出正确的结论。换句话说，梦都是以个体的生活态度为基础的。

下面是一个年轻女士所做的梦：在她的梦中她丈夫忘了他们的结婚纪念日，她很生气，责备了他。这个梦可能有很多种意义，但是如果真出现这种情况，我们就会立刻知道他们的婚姻出现问题了，妻子认为自己没有受到丈夫的重视。不过事情并非如此，这位女士解释说，她也会忘记结婚纪念日，不过可以想起来，但丈夫只有在她提醒后才想起来。她觉得自己做得更好，是“更好的一半”[1]。进一步地沟通后我们发现，她丈夫总是能记起他们的结婚纪念日。因此，这个梦更多地反映了她对未来的焦虑：害怕这样的事会发生。我们还发现，她太过于吹毛求疵，喜欢责备他人、无事生非，很敏感，经常为了可能会发生的事责备丈夫。

如果我们没有进行调查就对这个梦进行解释，我们的解释会与实际情况有很大出入。当被问到她有关儿童时期的记忆时，她给我们讲述了一件令她至今难忘的事情。在她3岁的时候，她婶婶送给她一把精雕细琢的木质汤勺，她很喜欢它，也为拥有这样一把勺子而骄傲，但有一次在摆弄这把汤勺时，不小心把它掉到小溪里冲走

1　马库斯·图留斯·西塞罗（Marcus Tullius Cicero，公元前106—前43年），古罗马著名政治家、演说家、雄辩家、法学家和哲学家。以善于雄辩而成为罗马政治舞台上的显要人物。从事过律师工作，后进入政界。开始时期倾向于平民派，后成为贵族派。——译者注

了。她很难过，为此伤心了好几天。因为她过于悲伤，街坊邻居都知道了这件事。

从她的梦中，我们可以假设，她害怕她的婚姻也会从她眼前漂走。如果她丈夫真的不记得他们的结婚纪念日了，她又该怎么办？

还有一次她梦见丈夫带她爬一座高楼，越往上走楼梯越陡。爬得太高，她突然觉得头晕目眩，恐惧感猛然袭上心头，她晕了过去。在清醒状态下人们也会有类似的经历，特别是在爬得太高感觉害怕时就会有这种头晕目眩的感觉。将第一个梦和第二个梦结合起来分析，我们就可以得到一个较为清晰的认识，这位女士担心自己会掉下去，即遭遇不幸或痛苦。想象一下就可以知道，丈夫对她的关心日益减少或类似的事情使她产生了这种担忧。如果由于某种原因她无法再忍受丈夫，那又该怎么办呢？如果他们平静的婚姻生活被搅乱了，又将出现怎样的情形呢？他们可能会一直吵架、斗嘴，可能只有在妻子因过于生气而晕倒时，才能终止争吵。实际上，这样的情况确实发生过。

这样我们离这个梦的真实含义就又近了一步。这个梦与丈夫的漠不关心有很大关系，梦中她的思想和感情都有所表现，仿佛在对她说："别爬得太高，那样会摔得很重！"常常想一下歌德在其《婚姻之歌》（*Marriage Song*）中的描述是很有必要的。一个骑士从乡村返回家园，却发现城堡里空无一人。由于他已经精疲力竭了，倒在床上便睡着了。他梦见从他床下钻出来一些小人儿，他们在举行婚礼，这个梦使他觉得身心舒畅，仿佛在告诉他需要找一个妻子，组建自己的家庭了。梦中发生在小矮人儿身上的事情，后来在他身上实现了，他找到了自己的妻子并与之举办了婚礼。

在这个梦中，我们可以看到许多已经为人所熟知的东西。首先，在字里行间我们可以找到诗人对婚姻的向往；其次，我们还可以更深一层地看出这个骑士内心深切期盼的东西和他对生活现状的态度——他渴求婚姻。在梦中他仔细思考着婚姻这个问题，第二天，他就做出了尽快结婚的决定。

现在我们来分析一下一个28岁男人所做的梦。这个梦的运动轨迹是一直往下滑的，像温度表中的水银一样，清楚地向我们展示出其成长经历中的心理变化。我们很容易看出他对获得权力和控制权具有很深的自卑感。他说：在梦中我和一大群人去郊游，由于我们所要乘坐的那条船太小了，所以必须在一个铁路小站过夜，等待换乘交通工具。夜里，忽然有消息说我们的船在下沉。所有人都被叫去压水泵排水，好阻止船下沉。我想起行李中有一些值钱的东西，就冲上了船。所有人都已经放弃并离开了船时，我才从窗口捞出了我的背包。我发现了一把我非常喜欢的刀，那把刀的价值仅次于我背包中的铅笔刀，我把刀放进背包。船沉得越来越快，这时我和一个熟人一起跳入海中，然后游到岸上。因为码头很高，我们只能继续往前游，前面是一个险峻的悬崖，没有路了，我只好顺着悬崖滚下去。自离开船以后，我就再没有见到我的同伴。我越滚越快，心里害怕极了，担心会摔死。最后，我终于到了山脚，落在一个熟人面前，但实际上我并不认识这个人。他正在和罢工者们一道默默地站着，进行罢工，他待人很和气。他对我似乎有些责怪的意思，仿佛知道在船行将沉没的时候，我推开了自己的伙伴。‘你在这儿干什么?’他问我。我想逃离这个四面都是陡壁深谷，但除了壁顶向下垂着的一些绳子外，没有其他物体可以凭借。这些绳子太细了，我不敢爬。最后，好像我不耐烦了，跳过了这段似的，不知怎的我就到了顶上。我看见在深谷的边缘，有一条两旁拦着篱笆的路，路上有人来往，他们都友好地和我打着招呼。”

通过对早期生活经历的回忆我们了解到，他在5岁前体质较差，经常生病，而且都是重病。因此父母总是很小心地保护他、照料他，不让他与其他孩子来往。而当他想和成人交朋友时，他父母又总告诫他说，小孩子不应该多嘴多舌，碍手碍脚，只能在大人身边乖乖地玩，因为大人有大人的事要做。因此，在他很小的时候就失去了与人接触的机会，只能与他的父母交流，而这些机会对个体的社交感成长是极为重要的。这样的结果使他远远地落后于他的同龄儿童，而且也无法赶上。他被伙伴们看作是愚蠢的人，并成为他们的笑柄，他难以找到朋友，对我们来说，这不足为奇。他的自卑感也因此日渐加深，最终达到极限。他的父亲负责教育他，父亲用心良苦，但脾气不好，有些暴躁专制；母亲虽柔弱，但并不善解人意，而且对他有些张扬、跋扈。父母反复强调他们对孩子的教育很关心，不过教育方式仍是很严厉。因此他更加觉得生活无望。在他童年时期最早的记忆中，有一件令他印象深刻的事情。当时他3岁，他母亲说他不听话，因此罚他在一堆豌豆上跪了半小时，但实情是由于他一直害怕一个马夫，所以拒绝帮他妈妈去给那个马夫送信，这个原因他母亲是知道的，他已经告诉了她。他很少挨打，但如果真的要挨打，父亲会用一条编得很密的打狗鞭打，很疼。在每次挨打后，他还必须讲出他挨打的原因，并请求父母宽恕。他父亲说："孩子应该知道挨打，是做错了些什么事造成的。"有一次，他不知道为什么挨揍，打完以后也说不出原因，又被重打了一顿，一直打到他招出别的一些不良行为为止。

从他的童年开始，他就对父母存在敌意。他的自卑感也一直很深，从未想过有一天自己会出人头地。他的生活中充满了大大小小的失败的经历。在他18岁之前，他一直是在学校里被人们取笑的对象。有一次，甚至连他的老师也取笑了他，向全班朗读了他写得一篇很差的作文，边朗读还边奚落他。

这些事件促使他害怕与人接触，使他想与世隔绝，之后他慢慢地脱离了社会。在与其父母的战斗中，他偶然发现了一种行之有效的回击方法，那就是拒绝开口，虽然代价高了些。这样一来，他放弃了一个很重要的与外部世界保持联系的手段。由于他不和任何人交流，他慢慢地变成了一个真正的孤家寡人。开始时他被所有人误解，也不同任何人讲话，特别是他父母，事情发展到最后变成没有人想同他说话了。他想进入社会圈的所有企图，以及想建立亲密关系的所有企图都失败了，为此他很伤心，也很难过。这就是他28年来的生活经历。由于遍布他心灵深处的自卑情节，使他产生毫无理性的野心和对显赫地位的难以抑制的渴望，这使他的社会感不断扭曲。他的话越少，心理需求越多；不管什么时候，他所梦想的都是如何飞黄腾达，如何取得不可一世的成绩和胜利。

正因如此，一天晚上他做了我们刚才讨论的那个梦。我们可以从这个梦里清楚地看到维持其心理活动发展的运动和模式。让我们先回忆一下西塞罗曾讲过的一个梦，然后再给出结论。这是文学史上著名的预言性的梦之一。

有一次诗人西摩尼得斯在街上发现了一具尸体，这具尸体无人认领并且身份不明，他将尸体带回去埋葬了。后来，在他准备出海旅行之前，得到这个已死老人灵魂的警告，说他如果出海，将会随船一起沉没。西摩尼得斯听从劝告没有出海，而其他出海的人全都葬身海底。据说，以后几百年间的所有人都对这个梦及与之有关的沉船事件，有着非常深刻的印象。

要解释这一事件，我们首先就必须记住，在那个年代沉船是经常发生的，因此许多人在出海之前都可能做船只出事的梦。而这个梦之所以在许多梦中显得特别重要，是因为正好有现实的情况与之吻合，也正因如此，这个梦才显得不同寻常，遂广为流传。我们完全可以理解那些喜欢在梦中寻找什么关系的人，都对这类故事特别敏感、喜欢，而我们非常理智的解释是：由于过于在意自己的安全，我们的诗人对那次旅行并没有表现出很大的兴趣，在做决定的前夕他仍犹疑不定，这个梦只是自己犹豫不决的一个借口。也正因如此，他让一个因得到体面安葬的死人在必要的时候出现表达感激之情，并借机扮演一个预言家的角色。那么，他不随船出海也就不言而喻了。如果船没有沉没，世人也就绝不会听到这个梦或这个故事了。我们都知道，当我们的大脑无法明白某种经验时，也同时证明了，世界上还有很多我们想不到的大智慧。只有明白梦境和现实都包含着个体对生活的态度时，我们才能对预言性的梦境做出解释。

我们还应该认识到，并不是所有的梦都能轻而易举地解释出来，实际上，能够解释清楚的梦是很少的。很多梦只在记忆中留下片刻痕迹，很快就消失了；而且由于我们不是解梦专家，因此很难知道这个梦背后的深意。但是，要知道，这些梦也是个体的活动和行为模式的象征性和隐喻性的反映，它为我们提供了一个了解自己处境的渠道，而这是我们急切想要知道的。我们如果专注于寻找问题的解决办法，专注于研究问题的某一特定方向，那么只需要有足够强大的动力，就能使我们发现解决的办法。梦强化了某种情感，或提供了解决某一困难所必需的动力。如果做梦者对此一无所知，那么情况并不会有所好转。但只要他能从中找到线索，并设法解决问题，那么这个梦就足够了。正如它将向我们表明做梦者的行为模式一样，梦本身就会为做梦者提供表达自我思想的证据。梦就像一缕烟，标示着火源的方位。经验丰富的樵夫能通过观察烟的特点，辨别出是什么树木在燃烧，就像精神病科医生能够通过对梦进行分析，而了解他人的本性一样。

总而言之，梦不但反映了做梦者正极力寻找的解决某一问题的方法，而且也反映了做梦者的问题是如何形成的。需要重点强调的是，在梦中社会感和权力需求将更清楚地表现出来，而他们是影响做梦者与现实世界之间关系的主要因素。

（六）才能

在影响我们判断个体心理活动的因素中，现在只剩下能力这一因素没有谈及了。对于他人对自己的评论，我们往往评价不高，因为我们相信人们都会存在认知上的偏差！每个人都会在他人面前修饰自己、展现美好的一面，因此耍些复杂的把戏也就不足为奇了。然而我们仍然可以从个体的思维方式和语言表达中得出某些观点，这些观点在某种程度上是正确的。想要正确判断某个人，我们就必须将他的思想和语言包含在考察范围之内。

我们所谓的才能，即做出判断的特殊能力。它一直都是众多考察、分析和测验的项目之一，其中最著名的是关于儿童和成人的智力测验，即智能测验。不过到目前为止，这些测验并未成功。因为学生在接受测验后所得到的结果，老师即使不用测验也能得出，测验看起来没有什么特殊之处。刚开始，虽然在某种程度上测验显得有些多余，不过实验心理学家们仍深感骄傲。毋庸置疑，智力测验确实存在争议，一个主要的原因是儿童的思维判断能力与一般能力的发展是不规则的，因此许多早期测验成绩不好的儿童，几年以后反而突然表现出超常的才能。还有一个因素必须考虑，那就是身处大城市、特殊社会圈的儿童有着广阔的生活圈，因此他们测验前的准备较为充分，也能更好地完成测验。这些儿童得到的高成绩与那些准备不足的儿童相比是不具有可比性的，他们的起点不在同一条线上。众所周知，在所有8～10岁的儿童中，成长于富裕家庭的儿童，比那些成长于贫穷家庭的孩子要更聪明、思维也更敏捷。这并不能说明富家子弟天资聪颖，只能说明优越的生活环境是造成这种差别的主要原因。

之前我们没有过多地论述有关能力的测评，主要是因为测验并没有获得让人满意的成功。在柏林和汉堡所做的测验显示，那些在测验中显示出卓越才能的儿童，在今后的学习中，反而有很大一部分表现得并不理想。这似乎在说明，儿童智力测验的结果与未来的健康发展并不成正相关关系。不过个体心理学的实验给我们提供了指导性的答案，实验的目的并不是为了确定个体最终能够发展到何种程度，而是为了寻找那些促进个体发展的积极因素并对其进行研究，以更好地对儿童的发展加以指导。个体心理学的原则，是将儿童的思维判断能力作为心理功能的一部分，结合整体心理活动及其他心理过程，来研究思维判断能力的发展。

第七章　性别

（一）两性差异与劳动分工

我们已经知道有两大需求影响着所有的心理活动。这两种需求即社会感和权力需求，它们影响着个体的行为、态度，并指导他采用不同的方式获得安全感，迎接人生中爱情、工作及社会这三大挑战。要想对人的心理有所了解，那么我们就必须习惯于从研究这两个因素的量与质的关系入手，对心理现象做出判断。社会感和权力需求的相互关系是人们理解社会逻辑程度及对社会生活的劳动分工服从程度的决定因素。

劳动分工是维持人类社会发展的一个重要因素。每个人都会贡献出一份力量，那些不履行义务或否认社会生活具有价值的人，将成为整个社会的敌人，并失去同伴。比较典型的例子就是那些利己主义、喜欢恶作剧、以自我为中心的人，他们都是害群之马。较为特殊的就是那些性格怪异的人、流浪汉或罪犯。公众已经深刻领悟到它们是与社会生活相违背的，因此对具有这些性格特征的人十分排斥。一个人的价值由对他人的态度及所参与的劳动分工程度所决定。对于这个社会的认可，促使他对其他的人产生影响，因此他本身也具有了重要性，成为维系社会发展的众多锁链中不可或缺的一环。一旦这些链条出现问题，那么人类社会必将受到影响。一个人的能力决定着其在整个人类社会的位置，由于对权力和优越感的过分追求，人们把错误的价值观引进到正常的劳动分工中来，因此使得这一真理变得难以让人们理解。对优越感的过分追求将搅乱整个社会的创造和发展，并使我们形成错误的价值判断标准。

人们由于不满于自己本来的位置，不愿在原来的位置上维持下去，因而搅乱了社会的劳动分工。此外，一些人的野心和权力欲望妨碍了正常社会的生活和工作，也给劳动分工增加了难度。同时阶级差别同样带来无数的纷争，更为劳动分工增添了很多困难。此外权力和经济利益也影响着劳动分工。人们给某些有权势的阶级保留较好的位置，而其他阶级的个体则被排斥在外。这些社会结构中的因素是劳动分工不能顺利进行的重要原因，他们不断搅乱已有的劳动分工，给一些人以特权的同时又使另一些人受到奴役。

两性差异带来了另一种劳动分工。由于男女两性在体格上存在差异，因此男女被分配到不同的工作岗位上，以使他们与工作做到最大程度的匹配。这种劳动分工根据一个完全客观的标准制定，只要妇女解放运动没有超出这一逻辑范围，那便是合理的，也应当支持。这种劳动分工没有剥夺女人的权力，也没有搅乱男女间正常的自然关系，而是提供给男女双方最适合自己的劳动机会。这种劳动分工在人类的发展过程中逐渐稳定成形，女人负责其中的一部分工作，那么同样，男人也在能够更好地利用自己能力的位置上工作。

只要根据工作能力差异，做到人尽其才，保证各自的体力和脑力没有降低或损害，这种劳动分工就是有意义的。

（二）男性在当今文化中的支配地位

文化朝向个人权力发展的结果，使劳动分工进入一个自然而形成的歧路，歪曲了整个社会的文明，特别是社会上某些希望维护特权的人和阶级的努力，更加快了这一错误的进程。最终的结果就是男人在社会上的地位一再被提高。劳动分工不仅使男人这一特权群体的利益得到保证，而且还使他们拥有支配女人的权力，其结果就是自高自大的男人占尽了好处，为了维持他们令人愉悦的生活方式，安排着女人的活动，将那些自己不愿从事的工作分配给女人。

目前的情况就是，男人一直在努力掌握支配女人的权力；而女人又对男人的支配权相当不满。很容易想象，在关系甚密的男女两性之间，这种持续的紧张最终将导致个体心理上的不协调和严重的生理疾病，双方都将处于痛苦之中。

所有的制度、传统文化、法律、道德及习俗都向人们揭示着这样一个事实，那就是享有特权的男人为了延续他们的光荣，决定着和维持着它们的方向和发展。这些风俗甚至延伸至幼儿园中，对儿童的心灵造成极大的影响。但我们不能否认，虽然儿童可能对这些关系没有太多的了解，但其感情生活在很大程度上受着它们的影响。这很容易通过调查发现，比如给一个小男孩穿女孩子的衣服时，他就会很生气，瞪着眼怒视你。一旦儿童的权力需求达到一定程度，他就会表现出一种男人天生

从古至今，男人一直掌控着女人的所有权力，而女人对于男人的支配往往是心生不满。长此以往男人与女人之间的关系会变得越来越紧张。最终导致各方面的不协调，双双陷入痛苦之中。究其原因是因为男女双方在生活中的权力不平等所造成的。

的优越感，认为作为一个男人本该如此。我们已经提到，现今的家庭教育过分夸大了对权力的追求欲望，随之而来的自然是父亲这一家庭权力象征的人物对于维持和夸大自身男人特权的愿望。与母亲无处不在的照料相比，父亲的神秘出入行为更令儿童感兴趣。儿童很快就会意识到父亲在家庭中所扮演的重要角色及他是如何调整全家的步调，如何安排家中的一切的，他一直都是以一家之长的姿态出现在人们面前。这样看来，父亲在家庭中似乎一直都是强而有力的角色。在有些孩子的眼中，父亲的一切都是正确的，是绝对标准，他们认为父亲所说出的一切都是定律格言，是不容置疑的。在强调自己的观点的正确性时，他们总会以爸爸曾经这样讲过作为证据。即使父亲的影响并不那么明显，儿童也会从父亲承担着家庭的重担这一点上认识到父亲的主宰地位。而之所以是父亲肩负着家庭的重担，是因为劳动分工的结果，目的是使父亲能够更好地发挥其能力。

从男人掌握支配权的发展历史来看，我们必须承认这一现象并非自然形成的。无数法律都是为了保证男人的支配权就证明了这一点。这也从侧面表明，男人的支配权在没有得到法律的强制保护之前，还存在特权并不掌握在男人手中的时代，历史上的母系氏族即是一个事实证据。在母系氏族中，特别是对于儿童来说，母亲、女人在生活中扮演着重要的角色。而尊重母亲崇高的地位是氏族里男人的职责和义务。某些习俗和习语仍然带有这种古老制度的色彩，比如介绍陌生男人给儿童时，都会让儿童称他们为“叔叔”或“堂兄”。从母系氏族向男性主宰过渡的过程中一定充满着战争。那些一直相信自己的特权和优越感是上天赋予的男人们，一定会在得知他们是依靠斗争获得这些特权而非一开始就拥有这一情况时，感到非常吃惊。男人大获全胜便意味着女人被征服了，相关法律的建立健全证明了这一征服过程需要很长的时间，且充满了困难。

男性的主宰地位并非天生的。许多事实证明，这种主宰地位是原始部落间不断征战的结果。男人所担当的武士角色在持续不断的厮杀中起着决定性作用，之后，他们又凭借获取的优势巩固其领导地位，达到他们成为主宰的目的。随之出现的是男人具有财产权和继承权的确立，这些共同构成了男性占据主宰地位的基础，因为男人财产的聚敛者和所有者。

这一点无须查阅资料，成长中的儿童便会知晓，因为在他的成长经历中，无时无刻不在感觉到男人是一个家庭中的特权成员，即使他对那些历史资料一无所知。即使家长洞察到这一点，想要扭转这一自远古年代发展下来的男性特权现象，认为人人平等，并做到以礼相待，在这样的情况下，儿童也仍会有男人是家庭的特权掌握者的认知。

自从一出生开始，儿童就已经对男人占据优势特权耳濡目染，也早已习惯了。由于他是个男孩，因此在他出生后受到欢迎。大多数父母都更喜欢男孩，因此男孩也更受欢迎。儿童一直清楚正因为他与父亲一样都是男人，才享有更多的特权，具有更大的社会价值。旁人的讨论强化了他的这一认知，使他形成男性角色更为重要的观念。

雇用女仆从事低下的工作这一习俗也强化了个体的男性掌握支配权的观念，最后使他认为所有女人都认为她们不应与男人拥有同等的权力。在结婚前所有女人都应问她们的未婚夫这样一个问题："你如何看待男性支配权，特别是在家庭生活中的支配权？"尽管没有人真正回答过这一最重要的问题。有的女人会有追求平等的愿望，但也有一些人已经断绝了这样的想法。而对于男人，我们看到的是他们从儿童时期就坚信自己将扮演一个非常重要的角色。他们认为这是自己必须完成的职责，因此他们只关心生活中那些有利于提高男人特权的反应。

所以说，儿童可以体验到男女交往间的所有情形，并形成对男女关系的认知。对于女性的本性，在儿童的认知中，她们大多扮演着令人同情的悲哀角色，男孩并不认同这些角色，他们的发展具有鲜明的男性色彩。在追求权力的过程中，他认为只有那些具有男性特质的和符合男性态度的目标才值得为之奋斗。这些权力关系中表现出的典型的男性美德，都明显地揭示出其起源于男性。虽然并没有任何证据可以证明根据性别对性格进行划分是公正的，但人们仍会将一些性格特征看作男性的性格特征，而另一些则被视为女性的性格特征。即使通过比较男孩子和女孩子的心理状态的差异，似乎可以找到一些证据证明这一划分方式具有一定的公正性。但是要知道，我们所谈论的并不是自然现象，而是人为形成的，我们更多的是在描述这一现象本身。由于被划分到某一特定的群体内，个体的行为模式受特定的权力概念制约，而只能在一定的范围内得到发展，因此他们的表现便会存在差异。这些权力概念为他们指明方向，并迫使他们去寻找自己的位置。“男性的”和“女性的”这一性格特征的区分标准是不正确的。这两种性格特征都是为了完成对权力的追求而产生的。即具有诸如顺从和逆来顺受性格特征的人，也会以不同的方式表现出其对权力的需求。即使两个人身上都有对权力的需求，相较而言，听话的儿童比不听话的儿童可能拥有更多的优势，也更能引人注目。我们之所以难以洞察到其心理活动，主要是因为个体对权力的追求常常是以较为复杂的方式展现出来的。

随着年龄的逐渐增长，男孩的男性身份成了他的一个重要的职责。他壮志满怀、渴求权力和优越感，这不容置疑地促使他去做一些符合其男子汉大丈夫形象的事情。仅仅知道自己的男性身份，对许多渴求权力的孩子来说是不够的，他还必须做一些事情来证明自己确实是男子汉，正因如此他们渴求掌握特权。为实现这一目标，他们既要竭力做到出类拔萃以显示自己的男子汉气概；又要尽可能地横行霸道，来向周围的女人展现他的男子气概。他们会根据遇到的阻抗的程度，决定是采取粗野顽固的反抗行为，还是以诡计和狡诈来达到他们的目的。

既然大家都总是按照享有特权的男人的标准来进行衡量，那么也就不奇怪人们也总会用这种标准来衡量、鼓励男孩了。最后男孩便会按照这个标准来审视自己，并反思自己的行为是否具有“男子气概”或是否可以称得上“大丈夫”。现在，所谓的“男子气概”已经成为一种共识，但其本质不过是一种满足自己自私自恋需求的东西，它凭借诸如勇气、力量、责任等表面上积极的性格特征，赢得胜利，获得荣誉、头衔，使自己变得冷酷、坚强以抵抗对“女性”倾向的渴望等，而给人以优越于他人或高人一等的感觉。获得支配权在他们看来是一种男性美德，因此他们一直在坚持不懈地斗争着，以赢得个人的优势地位。

因此，男孩们会向成年男人，特别是向父亲学习，形成自己的性格特征。我们发现这种人为滋长的妄想在社会中以各种各样的形式表现出来。从很早开始，男孩就被督促去赢得权力和特权。这就是所谓的“大丈夫气概”，而在不良的情境中就会变成粗鲁、野蛮和残忍的行为。

因此，成为一个男人所得到的种种好处是非常诱惑人的。所以我们不应惊讶于许多姑娘的理想就是做一个男人，尽管这一理想无法实现，但她们将其作为判断她们行为的标准，或作为自己言行的一种参照模式。在我们的文化里，似乎所有女人都梦想成为男人！她们表现出一种急切的渴望，想要在男孩子的游戏和活动中大显身手。她们爬树上墙，喜欢与男孩子一块儿玩，讨厌一切“女人气”的活动，并远远避开，她们只有在男性喜欢的活动中才能得到满足。当我们明白对优势的追求更多地表现在事物的象征意义上而不是具体的活动上时，那么就能更好地理解人们对男子气概的偏好了。

（三）女人所谓的低能

男人习惯于强调自己的优越位置是天生的，是女人的低能所造就的，以此来为自己的支配地位寻找合理的理由。女人低能这一观念由来已久，而且广为人知，似乎在所有民族中都存在这样的观点。这种偏见与男人的某种不安存在着密切的联系，这种不安可能在反对母系氏族的战争年代就已经形成，那时的男人确实对女人很是不安，女人是他们焦虑的来源。我们经常在文学作品和历史文献中看到相关的描述。一位拉丁作家曾写过：Mulieresthominisconfusio（女人使男人困惑、迷茫）。在神学会的书卷中，女人是否有灵魂是一个经常被大家争论的问题，而且女人究竟是不是人的问题也在学术论文中进行了讨论。对女巫长达一个多世纪的迫害和刑罚，就见证了这些错误。在那些早已被人们遗忘的年代，人们对于这个问题有着许多难以说清的概念和困惑。

在《圣经》的原罪概念和荷马的《伊利亚特》中，我们都可以看到这样的说法：女人是万恶之源。海伦的故事就说明了这一观点，一个女人使整个民族陷入不幸。所有的传说和神话故事中都将女人描述得道德感沦丧，指责她们的邪恶、奸诈、背信弃义和朝三暮四等。“女人般的愚蠢”等说法甚至成了法律诉讼的专有名词，这与对女人能力、勤劳和才能的贬低是一致的。在所有民族文学的比喻、奇闻逸事、训诫和笑话中都充斥着对女人的贬低和攻击。女人被指责为心胸狭窄、恶毒、愚昧无知等。

有关女人的卑劣低下的描述，有时甚至达到了非常尖刻的程度，比如斯特林堡、莫比乌斯[1]、亚瑟·叔本华[2]和奥托·魏宁格[3]等人。持这种观点的队伍不断壮大，有为数不少的人也逐渐加入其中，他们认为女人应该放弃理想安于现状，他们坚信女人低下，女人就应该是谦卑顺从的。不管女人的工作价值是否与男人的相同，女人的劳动报酬始终比男人低是对女人及其劳动的进一步贬低。

通过对男女的智力和才能测验的结果进行对比后，我们发现，在某些方面男女之间确实存在着比较明显的差异，比如男孩子在数学上表现得更好，而女孩子则在诸如语言一类的科目上表现出更好的天赋。男孩子在那些能够培养其具有从事男性职业的学科上表现出更多的才能，但这只不过是一种表面现象。如果对女孩子的情况

1 莫比乌斯（Mobius，1790—1868），德国数学家、天文学家。其科学贡献涉及天文和数学两大领域。莫比乌斯发展了射影几何学的代数方法。他在《重心计算》（1827年）一书中，创立了代数射影几何的基本概念——齐次坐标。在同一著作中他还揭示了对偶原理与配极之间的关系，并对交比概念给出了完善的处理。他较早对拓扑学作了深入的探讨并给出恰当的提法。此外，莫比乌斯对球面三角等其他数学分支也有重要贡献。——译者注

2 亚瑟·叔本华（Arthur Schopenhauer，1788—1860），德国哲学家。意志主义的主要代表之一。在人生观上，持悲观主义的观点，主张禁欲、忘我。他坚持物自体，并认为它可以通过直观而被认识，将其确定为意志。意志独立于时间、空间，所有理性、知识都从属于它。人们只有在审美的沉思时逃离其中。叔本华将他著名的极端悲观主义和此学说联系在一起，认为意志的支配最终只能导致虚无和痛苦。他对心灵屈从于器官、欲望和冲动的压抑、扭曲的理解预言了精神分析学和心理学。——译者注

3 奥托·魏宁格（Otto Weininger，1880—1903），奥地利哲学家。魏宁格自少年时代起，就在自然科学、数学和人文科学方面显示出早熟的才能，其语言天赋尤其突出，16岁时曾打算发表一篇词源学论文，内容是研究荷马史诗中的希腊语形容词。1898年进入维也纳大学研习哲学，1902年以论文《性与性格：生物学及心理学考察》的第一部分获得了哲学博士学位。在获得学位的同一天也正式皈依基督教。——译者注

进行更深入的研究，我们就会发现，所谓的女人能力较差的说法是无中生有的。

每天女孩子都会听到女孩不如男孩能干，只能做一些琐碎的小事这样的话。慢慢地，她开始相信了女人天生能力差的说法，再加上童年时期就缺乏训练和准备，总有一天她会真正地相信自己的确无能。她开始变得灰心丧气。当得到“男性”的工作这样的机会时，她会以一个先入为主的观念对待这个机会，这个观念就是：她一定对这份工作不感兴趣。即使一开始她有兴趣，但很快她就会兴趣全无。就这样，她否认了之前所做的所有准备，并且已经完全放弃了。

至此，女人无能的说法也就完全正确了，无可争议。原因有两点：首先，人们往往仅根据事业的成功或仅以自己的片面之见为标准判断一个人的价值，这显然是一个错误的做法。在此偏见的影响下，我们几乎很难判断一个人的表现和能力究竟在多大程度上反映了这个人的心理活动水平。其次，女人先天不如男人这个谬论常被人视为常识而忽略，女孩一出生，听到的就是对女人的贬低和偏见，这使她无法认识到自己的真正价值，摧毁了她的自信心和做有意义的事的希望。如果人们不断地强化这个偏见，她无数次看到女人在生活中的卑微角色，那么我们就不难理解她会出现丧失勇气、回避她的职责、不愿再去解决她生活中的问题这样的现象了，也正因如此，她最终真的会变成一个一无是处的、无用的人！人们总是拆她的台，摧毁她的自尊心，破坏她的人际关系，使她对完成任何事情都感觉到绝望，使她失去生活的勇气。如果总是这样恶劣地对待一个人，而当最后她一事无成时，我们能说我们的行为是对的吗？我们应该勇于承认错误，承认自己给别人造成的痛苦。

在我们的社会中，女孩子很容易失去勇气和自信，不过实事上却有例外的情况，智力测验就曾发现过这样一个有趣的事情，对一大批年龄在14～18岁之间的女孩子进行测验后发现，她们的智力比其他所有人，甚至是同龄男孩都高。经过调查后我们知道，这些女孩子都来自于母亲负责或帮助养家糊口的家庭。这样的家庭生活中，对女人无能的偏见是很少的或是不存在。她们了解母亲是如何通过勤奋工作得到报偿的，这样的结果就使她们的发展较其他人要更自由、更独立，有关女人无能的说法及相关的其他负面因素完全没有在她们身上发挥作用。

作为批判这一偏见的有力依据，还有这样一些事情：在各行各业特别是文学、艺术、工艺和医学领域有数量较大的女人们成就卓越，她们的能力超群，能够与男人在同一行业里比肩。此外，还有许多男人一事无成、碌碌无为。这样的证据有很多，并不用一一列举（当然只是表面证据），这些都能说明女人并不低能，反而是男人更低能一些。

对女人的偏见还会产生一个十分严酷的结果，那就是按照一定的规则将各种观念进行不同的归类和划分，也就产生了“男性”代表着进取、有力、成功和能干，而“女性”则依仗着顺从、听话和依赖的这样一个不公正的评价。这在人类的思想中是非常根深蒂固的，范围是如此之广，以至于几乎将人类文明中一切值得被嘉奖、赞许的事都赋予了“男性”的色彩，而归属于“女性”的则是那些毫无价值或根本就是低贱的事。众所周知，说一个男人像女人是对他最大的侮辱，但如果说一个姑娘具有男子气概，却并不一定是侮辱。人们所说的话听起来似乎在暗示是女人造成了所有不好的事情。

通过更加深入认真的研究，我们发现那些看似证明了女人具有天生低能的性格特征的证据，最终都仅仅说明女人的心理没有得到充分的发展。虽然我们相信，不能使每一个儿童都变得很有才能，但我们也相信，随时都能将一个正常的儿童变成无能的人，只是我们并不会这样做。不过有人却会这样做，而且做得很成功。那么我们就不难理解，在我们今天这个时代，女孩相较于男孩更多地受到命运打击和摧残。尽管如此，我们也经常看到有些“无能”的儿童突然间变得能力超群，让人们觉得那简直就是一个奇迹！

（四）逃离女性角色

男人的明显优势给女人的心理发展带来了严重的破坏，使每个女人都对其女性角色产生了不满。女人的心理活动与那些被压迫而具有强烈自卑感的人一样，他们几乎有着相同的行为模式和规则，只不过关于女人卑下的偏见使事情显得恶化、复杂了一些。如果部分女人找到了某种补偿，她们便将之归结为自己性格和智力发展的结果，或是归结为自己所获得的某种特权，但这仅仅说明错误是如何相继产生的。特权使人免除职责和义务，给人以奢侈的享受，给男人以一种虚假的优越感，使他们觉得自己在很大程度上得到了女人的尊敬。这里面存在一定程度的理想主义，但不幸的是，这种理想主义总是任由男人点拨，并为男人的优越感服务。乔治·桑[1]就对此做过生动形象的说明："女人的美德是男人发明的。"

一般来说，我们可以将这些反抗女性角色的人划分为两类，一种是上面提到的向积极的、具有"男子气概"的方向发展的姑娘。她们富有生机，精力充沛并且志向高远，不断取得成功，努力超越她们的兄弟和男同学，她们对那些通常是男人才会进行的活动及运动非常感兴趣，并乐于参与其中。她们视爱和婚姻为洪水猛兽，避之唯恐不及。一旦身处这样的情境中，她们就会力求超越其丈夫之上，打破已有的和谐关系。她们极其厌恶家务事，并公开表示这种厌恶感，不过也有可能会装作不精于此，而婉转地推卸她们的家务责任。

这种女人用极具"男子气概"的方式回击男人的态度，实际上她们采取的是以攻为守的战术，人们常常称她们为"假小子"、具有"男子气概"的女人等。不过从根本上讲这种称谓是错误的。甚至有许多人认为，她们身上有某种先天的"男性元素"或分泌物，造成了她们的"阳刚"。然而，我们的社会历史向我们揭示了谜

1 乔治·桑（1804—1876），法国女小说家，是巴尔扎克时代最具风情、最另类的小说家。她凭借发表的第一部长篇小说《安蒂亚娜》（1832年）而一举成名。乔治·桑是一位多产作家，她一生写了244部作品，包括100卷以上的文艺作品、20卷的回忆录《我的一生》以及大量书简和政论文章。雨果曾评价说："她在我们这个时代具有独一无二的地位。特别是，其他伟人都是男子，唯独她是女性。"——译者注

底，任何人都无法忍受当今社会施加于女人身上的压力和必须服从的禁忌，因此必然会有人奋起反抗，而这种反抗更多地是以我们所谓的“阳刚”的方式表现出来的。其原因在于我们仅有两种性别角色，非男即女，人们必择其一，不是做一个理想的女人，就是做一个理想的男人。只能通过表现其“男子气概”才能逃避女性角色，反之亦然。这并不是什么神秘未知的分泌物在发挥作用，而是因为在给定条件中没有其他选择的可能了。只要两性间不能达到完全平等，我们就不能忽视女孩在心理发展过程中所遇到的困难，也要求她们与现实生活及与当今的社会生活方式保持一致。

第二类女人是那些一生都处于听天由命状态的女人，她们对现实有着一种让人难以置信的适应能力，她们终生逆来顺受，谦卑恭顺。她们表面上能够适应任何环境，真正做到既来之，则安之，但她们又会表现得极为笨拙，终生一无所成。她们可能会有神经官能综合征的症状，这可以帮助她们在自己柔弱无力的时候得到他人的体贴关照；她们还借此机会倾诉她们所受的教育、错误的生活方式是如此脆弱无力，以至于她们随时都能被疾病打倒，最终使她们完全不能适应社会生活。她们本应该是世界上做得最好的一类人，但不幸的是她们瘦弱多病的身体，使她们不能更好地面对生活的挑战。她们从来都不能让周围的人满意。和第一类女人一样，这一类女人的一切行为都是基于对现实的反抗，包括她们的屈从、谦卑和严于律己。这种反抗已经十分明显了，即：“她的生活毫无幸福可言！”

此外，还有第三种女人，她们既不保护自己，也拒绝扮演女性角色，但同其他女人一样感觉到低人一等的痛苦，她们注定做不了生活的主角，只能是从属的角色。她们坚信女人天生低下，正如坚信男人天生高人一等，注定有一番大成就一样。她们会默许男人的优越地位，甚至会同大家一起高歌赞美男人，歌唱男人是伟大的创业者和成就者，并要求将他们放在更加特殊的位置上。她们公开向人们表现自己的柔弱感，似乎也希望大家认可这一点，以借此得到额外的帮助。不过这种态度是要不得的，它很可能会是一场长期处于压抑状态下的战斗的开端。一旦开战，她们为了报复，会把婚姻的责任推得干干净净，一切都是丈夫的责任，只会丢下一句："只有男人能做这些事情。"然后溜之大吉。

尽管女人的地位一直是卑下、低贱的，但她们却肩负着教育的重任。且只要我们看一下这三类女人在这项最为重要同时也最为艰难的工作中的状态，我们就能更加清晰地对她们进行划分。第一类持"阳刚型"的女人将会压制儿童，体罚是常有的事情，因而儿童处于极大的压力之下；儿童当然会极力躲避这样的教育者。这种教育所能得到的最好结果也仅仅是一种毫无价值的军事训练。在儿童看来，这样的母亲也不是好的教育者，她们唠叨不停并且固执己见，但这通常不会取得教育效果。更危险的是她们可能会教唆或威胁女孩子学习她们，而男孩子则一生都会畏惧她们。这类母亲教育出的男人大多数会对女人存在畏惧，仿佛一生都处于惊恐中，难以恢复，并且他们认为女人无任何信用，对女人无任何信任。这样的教育的结果就是使两性间具有明显的界限，其危害我们一目了然，尽管一些学者仍在大讲什么“男性元素和女性元素的比例失调”。

作为教育者，其他两类女人也同样无力。她们过于不自信，怀疑自己的能力，使儿童很快发现这一点而不再理睬她们。面对这样的情况，母亲很可能会采取的措施是振作起来，唠叨训斥孩子，并以威胁要告诉父亲的方式来进行教育。而向父亲求援，则再次暴露出她们的不自信。她们会放弃教育这份职责，似乎证明只有男人能够从事教育是她们的唯一责任，因为在她们看来教育离不开男人。这类女人不愿在教育上多费心思，而是让丈夫或家庭教师承担孩子的教育的责任，而她们对此毫无愧疚感，因为她们相信自己不可能有任何成功的希望。

对女性角色的不满在那些以所谓“更高层次”的理由逃避生活的女人身上表现得更为明显，例如修女和独身主义者。她们已用自己的行为清楚地表明自己与女性角色无法保持一致，许多女孩很早就进入商界，因为对她们来说这类工作所带来的独立感似乎是一种保护，保护她们免受婚姻的威胁。因此在这里，对工作的驱动力仍使她们对女性角色感到厌恶。

对于那些已经步入婚姻的女性，我们是不是可以说她甘愿承担女性角色了呢？要知道，结婚并不意味着姑娘已经向她的女性角色妥协。有一个典型案例，说的是一个35岁的女人。她由于神经衰弱来找医生医治。她是家里的长女，父亲年事已高，母亲是一个年轻骄横的女人，两人结婚较晚。母亲年轻貌美，却嫁给了一个老头子，这一点引发我们的猜想，即对女性角色的厌恶感一定在她父母的婚姻生活中发挥着某种作用，因为她父母的婚姻并不幸福。母亲治家严厉，一定要别人服从她的意志，他人高不高兴全不在意，在所有问题上，老头子都会受到妻子的压迫，没有丝毫还手之力。这个女儿讲述说：母亲不让父亲在沙发上躺着休息，因为她有着一套最合她心意的“治家之道”，并且一定要严格执行，这个治家之道就是家庭中的绝对的法律，无人可以质疑。

女儿是她父亲的掌上明珠，而且是一个很能干的女人。另外，她母亲一直对她很不满，并且与她对着干。后来，她母亲又生了一个弟弟，这个弟弟便成了母亲的宠儿，母女之间矛盾越来越多，开始变得让人无法忍受了。作为女儿的她一直觉得父亲是她的靠山，不管他如何迁就、忍让母亲，只要女儿的利益受到威胁，他就一定会挺身保护女儿。而母亲并不如此，反而与她对着干，也正因如此她开始从心里憎恨母亲。

在母女之间的激烈冲突中，女儿把母亲的洁癖作为自己的攻击目标。因为母亲有很严重的洁癖，哪怕是女仆碰过的门柄也一定要擦得特别干净。为了和反抗母亲，这女孩子故意衣衫不整、一身肮脏地四处走动，想尽一切办法把家里弄得的乱七八糟、凌乱不堪，并从中获得报复后的快感。

她身上的那些性格特征，与她母亲所期待的完全相反。从这件事情上我们可以看出，孩子的性格特征并非完全从父母那里遗传而来。如果一个孩子所形成的是令母亲厌恶至极的性格特征，那么，一定有一个有意识或无意识的计划隐藏在这些性格的背后。母女间的仇恨一直持续到今天，人们难以想象她们那种不共戴天的冲突。

在她8岁时，家里的情况如下：父亲永远站在女儿一边，而母亲则成天板着脸在家里四处转悠，严厉地命令大家听从她的指令以推行她的“治家之道”，或训斥女儿。而女儿一直对母亲满怀怨恨，立即展开反抗，用绝妙的嘲讽击败母亲。与此同时，她弟弟的心脏瓣膜病则使母女间的冲突更加激烈复杂。一直倍受宠爱的弟弟是母亲的心肝宝贝，并且因患病使得母亲更加关心他，甚至到了无以复加的程度。现在我们可以很清楚地认识到父亲和母亲在对待孩子的态度上一直存在冲突，而小女孩就是成长于这样的环境中。

令人没有想到的是，她突然得了神经衰弱，没有人知道原因。事实上，她的病一方面是由于她对母亲的敌意，总希望母亲倒霉，另一方面则是为有这样的想法感到愧疚而倍受折磨，这两方面的原因导致她的一切活动都受到了影响。最后，她转向宗教寻求安慰和解脱，但情况并未有所好转。过了一段时间，她不再诅咒母亲不得善终了，家里人觉得这是某种仙丹妙药的作用，虽然更有可能的原因是她母亲已被迫转攻为守，不再主动挑起争吵的结果。但小女孩仍然害怕打雷和闪电，因为还是小姑娘的她一直认为，打雷和闪电是对她心地太坏的惩罚，总有一天她会遭到雷劈，惩罚她对母亲抱有这么恶毒的想法。当时她一定花了很大的力气才能做到不对母亲抱有仇恨。她一直在不停地成长，似乎可以看到灿烂前程正在前方等着她。一个老师评价她说：“无论这小女孩儿想干什么，都能成功！”这句话对她产生了很大的影响。可能只是随便说说的一句话，她却信以为真了，并且受到了极大的鼓舞，在她眼中这意味着：“如果我愿意，就能做成任何事情。”在这之后，紧接着的便是与母亲的斗争进入了白热化阶段。

随着青春期的到来，她长成了一个漂亮的少女，成了青年们竞相追求的目标，她的求爱者很多。但由于她伶牙俐齿，并且有些尖酸刻薄，因此她与男孩们的友好关系刚建立不久，很快就不幸地破裂了。她心里喜欢着一个男人，他是住在附近的一个中年男人。大家都担心哪一天她一冲动就会嫁给那个人，但不久之后那个人搬走了，而她仍住在那里。从那之后，一直到她26岁，都没有人再追求她。这在她所在的圈子里是很不寻常的事情，因为没人了解她的历史，所以也没有人知道其中的原因。由于从童年开始她就一直与母亲争吵不断，现在她也变得喜欢争吵了，这使人难以忍受，特别是在她取胜后。之前母亲的行为一直使她很生气，在争吵中她从没有胜利过，因此她从小就渴求取得胜利。唇来舌往的争吵，强词夺理的乐趣成了她最大的幸福，也满足了她的虚荣心。她的“男子气概”更多地表现在和她可能占上风的对手进行争吵的情况上。

在她26岁时，遇到一位有一定经济地位的绅士，他没有因为她的好战而退缩，热切地追求她。他一直表现得非常谦卑恭顺。亲戚们强力要求她接受他的求婚，嫁给这个男人，她却说不可能结婚，觉得他不符合她的要求，对他很不满。如果我们对她的性格特征有所了解的话，也就不难理解她的做法了。但经过两年的抗争后，她终于屈服了，接受了那个男人的求婚，她觉得现在她已经将这个男人变成了自己的奴隶，可以任意处置他。她心里一直希望，这个男人可以是自己父亲的翻版，能够像她父亲一样对她百依百顺、有求必应。

不过事实并未能如她所愿，她很快就发现自己犯了一个错误。结婚后的几天里，她丈夫已经与之前有了明显的不同，他开始舒舒服服地坐在房间里，悠闲地抽烟、看报纸。早上他去上班，然后会在中午准时回家吃午饭，晚饭同样如此。如果饭还没准备好，他就小声地抱怨几句。他要求她保持干净、举止温柔，并且一定要准时，除此之外他还有一整套无理的要求，她根本无法完成。这与她和父亲之间的那种关系有天壤之别，她的幻想没能实现。她越是提出要求，丈夫越是不满足她的愿望。而对于丈夫提出的让她做一个家庭主妇的要求，她也从不配合。一有机会她就会提醒丈夫：他无权对她提出这些要求，还直接说出她不喜欢他。但面对这些丈夫全不在意，丝毫不为之动摇，继续提出无理要求，这使她觉得他们的婚姻生活前景一片荒芜，没有任何幸福可言。这个体面正直的男人曾沉浸在追求自己的热情中，可一旦两人结了婚，把她弄到手了，便不再陶醉于爱情之中了。

他们的这种不和谐在她当了母亲以后也没发生任何变化，而她却需要被迫承受新的家庭职责。与此同时，由于她母亲一直不停地鼓动她丈夫站在她母亲那一边，为她撑腰说话，这使得她与自己母亲的关系也日渐恶化。

在她的家里，她和丈夫的冲突也因此而猛然升级，言语间充满了火药味，丈夫甚至有时候会行为粗鲁，对她一点也不谅解，尽管她的某些抱怨确实有道理。她丈夫的行为之所以如此，是因为她不愿与让丈夫亲近，而她之所以不愿与丈夫亲近，是因为她不想承担自己作为女人的这一角色，也不愿妥协。刚开始她曾以为自己可以一直是女皇，无论到哪儿，都有个奴隶跟在身边，帮她满足所有愿望。她觉得只有那样的生活才是她想要的。

事实显然并不如她所想，现在什么才是她能够做的呢？和她丈夫离婚，回到她母亲那里，并承认自己的失败吗？显然这不是一个很好的选择，因为她无法独立地生活，她也没有继承到哪方面的能力，对于她来说，离婚是对她的骄傲和虚荣的一种侮辱。她的生活看起来像是一片苦海，看不到边际，一边是她丈夫的批评和指责，另一边是母亲没完没了的唠叨，要她讲究卫生、保持秩序，这两者都是她痛苦的源泉。

她突然间变了，变得爱干净，喜欢秩序了！每天又是洗又是擦的，不停地收拾房间。从表面上来看，她似乎一下子变得懂事了，明白了母亲的用心，接受了母亲的教导。刚开始，看着她忙这忙那，收拾屋子、倒垃圾、擦家具，忙得热火朝天的，她母亲确实很高兴，而她丈夫也同样为她的突然改变而喜笑颜开。她不停地擦着，直至把家里所有的东西全都擦得像新的一样，这才罢休；无论是谁影响了她的火热干劲，她都会不高兴。然而不幸的是，对家里的所有人来说，她的这种极度的热情最终却变成了一种折磨。只要是她洗过的东西别人碰都不能碰，否则，她就会重洗一遍，这似乎是在告诉别人：只有她才能把事情做好。

这种无休止的擦洗是一种病态的行为表现，我们可以在那些不满于自身女性角色并一直抗拒承担相应责任的女人身上看到这一现象，她们这样做的目的就是为了抬高自己，显得自己在爱清洁上是如此地与众不同、高人一等。但在她们的无意识中，这样做的目的却是为了扰乱整个家庭的秩序。她们的家庭都处于极度混乱的状态中，无一幸免。她们的最终目标就是要把整个家搅得天翻地覆，而不是为了保持家庭的干净。

很多人仅仅在表面上妥协于自身的女性角色，这样的案例有很多。在我的病人中有这样一个人，她没有同性朋友，也很难与哪一个人和平相处，因为她从不顾及他人的感受，不体贴他人，我们完全可以预料到她可能会有的生活模式。

找到更好的教育女孩的方法，给她们提供良好的教育，促使她们与生活保持一致，这在目前来说是十分有必要的。因为我们发现，即使外在条件已经十分充分，有时也很难让她们接受自己的女性角色，向生活妥协，我这个病人就是这样。在现今，虽然众人都矢口否认女人的低人一等是由法律和传统造成和决定的，不过事实的确如此，只是因为他们并不具有真正的心理洞察力，没有认识到罢了。因此，我们必须随时发现并马上纠正社会在这方面的错误行为模式。我们必须站在女人的立场上，为女人考虑，这倒不是过分夸大对女人的尊重，而是整个社会生活的逻辑已经被现有的这种错误态度破坏了。

在此我们需要讨论一个问题，有关于常用来贬低女人的一种现象："危险年龄"，即50岁左右。女人在这一段时间内会产生一些新的性格特征。由于在生理上已经开始逐渐衰老，这暗示着女人人生中的辉煌日子已经一去不复返了，剩下的全是痛苦的日子了。正因如此，她拼命抓住最后的救命稻草，借此维护她那相对从前来说已是摇摇欲坠的地位。我们的文明有这样一个原则：只有现在我们已有的才能创造价值，才是价值的源泉。因此处于这一年龄阶段的人，这些已近老年的人特别是女人，都会遇到困难。虽然人不能总是靠着回忆过日子，特别是那些辉煌的过去，但是如果否定她们的价值，将极大地伤害她们的心灵，同时也会给她们身边的所有人造成不良影响。年轻时候所成就的事业、所获得的成就，在临近老年的人看来似乎显得离他们已经过于遥远了。仅仅因为岁数大了，就否定一个人的所有，在社会精神与物质关系中将他完全抹去，这种做法是不对的。特别是对于一个女人来说，这意味着彻底放弃、否定她自己及她曾做出的贡献。试想一个少女意识到自己终有一天也会步入这一年龄阶段，将会是何种心情呢？社会不能剥夺处于这一年龄段的女人的尊严，也不能只因其已经衰老，无法再创造价值而否认她们的荣誉和价值，这些不应该因年龄而折损，应当在任何时候都承认她们的价值。

（五）两性间的紧张关系

我们社会的错误是一切不幸的根源。一旦社会上出现对两性的偏见，那么这种偏见会立刻扩展延伸至整个社会的所有角落、所有方面。男尊女卑这一谬见必然导致的结果，就是使两性间难以维持和谐的状态。这就必然导致所有男女关系中必然存在严重的紧张状态，威胁并破坏着两性在获得幸福上的任何机会。这种紧张状态歪曲和摧残着整个社会的爱情生活。这是难以见到婚姻美满幸福的原因，这也是许多儿童认为婚姻很难维持、步入婚姻是很危险的事情的原因。

男尊女卑的偏见在很大程度上阻碍了儿童的发展，特别是在理解生活上，他们很难做到充分理解生活的所有。很多少女认为婚姻只是逃避生活的安全屏障，很多人也只把婚姻看作是人生必须经历的痛苦。现在，那些因两性间的紧张关系而衍生出的困难已经发展到极致。女人越是极力逃避社会强加于自己的女性角色，男人则越是极力争取自己的特权角色（在逻辑上虽然错误颇多，但确实如此），这使得这些困难更具危险性。

要想达到同伴关系与性别角色和谐一致，那就必须保证两性间拥有真正的平等。如果两性关系必须像国际关系一样，一国隶属于另一国，女人必须服从于男人，或反之，都是让人无法忍受的。这个问题值得大家严肃认真地考虑，错误态度如果不加以纠正将会给对方带来更多的困难和障碍。它关系到我们生活的一个重要方面，并且波及范围极广，我们每个人都深陷其中。在当今这个时代，由于每个儿童都在被动学习贬低否定异性的行为模式，因此情况变得更为错综复杂。

虽然自信且从容的教育能够解决这些问题，但是，人们现在的生活节奏过于匆忙，欠缺那些经过验证、检验的教育方法，特别是遍及全社会的竞争意识（甚至已经延伸至幼儿园），粗暴草率地决定了人们未来的生活倾向。无数人在恋爱面前由于畏惧心理而退缩不前，上文提到的那种无益的压力是这种对爱情的恐惧的主要来源，它迫使男人们无论在什么情况下都要表现自己的男子气概，哪怕他们的行为更多反映的是他们的虚伪、狠毒或粗暴。

这样一来，我们很容易就会发现，在爱情关系中任何率真和信任都尸骨无存。就像唐璜一样，为了证明自己的男子气概，而做了许多荒唐无用的事情。两性之间普遍存在的不平等，使整个人类都遭受损失。男人的自以为是和对维持自身特权、优越地位的坚持都是与健康社会活动相违背的。我们没有理由反对女人追求平等的愿望，而且支持妇女们努力争取自己的自由与平等，这也是我们的责任，因为全人类的终极幸福也将会在女人与自身的角色相一致的前提条件下才能达成，而要想缓解男人和女人之间的紧张关系，这一前提条件同样是必不可少的。

（六）尝试改善

在所有为改善两性关系而制定的制度中，男女同校是最重要的，也是最有效的。虽然目前这种制度还没有得到大家的普遍接受，有些人还会持反对意见，但也得到了一些人的大力支持。支持者们认为，通过男女同校，接受相同的教育，为两性间的相互熟悉和了解提供了很好的机会，而通过相互了解，就能在一定程度上消除种种偏见，减少灾难性的后果，这也是他们最有力的论据。而在反对者看来，在进校时男女本就已经存在明显的差异了，这种制度反而会加剧两性间的差别！在男女同校的制度下，男孩子会因女孩子的心理发展超越他们而感觉到很大的压力，因此他们会为了维持其特权而采取一些措施以显示他们比女生更能干、更聪明，可最终他们会发现自己的特权、优越感只不过是一个易碎的美梦。其他研究者认为，在男女同校的教育制度中，男孩会在女孩的卓越成就面前忧虑不安，并感觉到丧失了自己的尊严。

不可否认，这些论据在某种程度上确实有其正确的一面。不过其理论依据是两性间的恶性竞争，从这个角度审视男女同校制，他们的观点确实是正确的。如果男女同校制的结果真的是男女间的恶性竞争，那它确实是错误的理论。如果老师们不能很好地理解这一教育理论，即老师们认识不到这种教育制度会为未来两性关系的和睦提供机会和做出准备，那么一切有关男女同校制度的尝试都将以失败而告终，这样反过来，又给反对者提供了支持，证明他们的观点是正确的。

只有想象力丰富的诗人才能对这整个情形加以描述。而我们，只要将事情讲清楚就足够了。一个处于青春期的女孩的所作所为总会让人们觉得她低人一等，即使她有之前我们提到的获得补偿的机会，也无济于事。其中的关键在于，她在内心里已经认定自己低人一等！这是由她所处的环境强迫造成的结果。她不可改变地被引入到这样一种心理模式和行为模式中，即使是那些颇具洞察力的研究者们，也时常会产生她的确低人一等的看法。这种谬误会造成严重的后果，使两性都不得不走上追求显赫权力的道路，使他们都想方设法扮演对自身来说并不适合的角色。这会产生什么样的结果呢？双方的生活无疑都会变得更加复杂，双方在相处过程中也会丧失所有的坦诚，过度沉浸在谬误和偏见之中，一切幸福的希望都会化为乌有。

第八章　家庭格局

我们总是不停地提醒周围的人，一定要好好看清一个问题：如果我们想要评估一个人，就一定要先了解他的成长环境。在这个问题中，关键的一点是儿童在家庭中处于什么样的状态。如果这个观点是正确的，我们就会在拥有了充裕的专门知识后，再将人分为不同的类别，我们可以判断出某个个体在家中排行第一还是排行老小，也可以判断一个人是否是独生子。

人们很早就发现了，一般来说，家里最小的孩子总是会有一些特殊的品性。我们可以从民间传说、神话故事或《圣经》中找到充足的证据。我们可以从这些故事中看到最小的孩子之间都有一些共同点。的确，他们的成长环境与其他人是有区别的。在父母看来，他们总是特殊的，而因为他们是最小的孩子，周围的人总会给予他们更多的照顾。他们个子矮小，年龄最小，所以很需要周围人的特殊照料。他们的兄弟姐妹应该已经可以自立了，而且，兄弟姐妹们都在他小的时候渐渐成长起来。正因为如此，他们所处的成长环境一般比较优越。

所以，渐渐地，在他们性格中就会发展出一些与其他人明显不同的性格特征，使周围的人不得不关注他们。在这里，我们必须要特别注意一些看似与理论相悖的情况，那就是，个体一般都不希望自己是最小的，因为他们不希望自己受到他人的怀疑，不希望自己做最没信心的孩子。在这些思想的驱使下，他们通常会想要证明自己是无所不能的，他会特别在意权力的占有，而且，我们在最小的孩子身上总能发现一种试图赢得一切胜利的感觉。他们的努力目标是要做最好的一个。

这样的人是很常见的。据了解，有一组被调查者全部在家中排行老小，他们是家中最有才干的人，其他成员都无法超越他们的成就。可是，对比之下，另外一组同样类型的孩子的境遇却没那么好。虽然他们也希望自己可以比其他人强大，然而，在处理与兄弟姐妹关系的过程中，他们却显得比较被动和自卑。一旦他们不能比兄弟姐妹更加优秀，他们就会逃避责任，渐渐变得怯懦、胆小，他们会发展为只会找借口来推诿责任的人。他们并没有减少自己的欲望，然而，他们却找到一种方式让自己暂时脱离各种欲望，并且在这些问题之外寻找平衡点来满足自己的愿望。他们的终极目标是千方百计地避免外界对他们的能力进行检测。

毋庸置疑，很多读者都会认为，从这些孩子的表现来看，似乎他们是认为自己受到他人的冷落，所以才感觉到自卑的。在调查的过程中，我们总是能看到类似的自卑情结，也经常可以从一个人遭遇的苦难中判断他的精神生活将发展为什么样。从某种程度上讲，家中最小的孩子像是具有先天性不足的孩童。在他们的世界中，他们可以判断出哪些事情对他们来说没有意义，而事实究竟如何是无关紧要的，他们不关注自己的优缺点，而只关心自己所处的境遇。我们都明白，童年对于一个人来说，是最容易犯错的时期。在童年时期，孩童必须面对更多的麻烦及各种可能性。

那么，作为教育者，我们应该怎样做呢？难道我们应该不断刺激孩子的虚荣心，让孩子渴望受到周围人的关注，让他们树立争夺第一名的目标吗？这样的行为对于儿童来说，并不是很有意义。事实证明，一个人是不是最棒的，并不是关键。相反，假如我们让学生认为获得第一名或获得胜利并不是最重要的，这对于儿童来说反而更有利。对于周围只存在一些“第一名”或“最棒的人”这样的情况，我们着实感到厌倦。经验证明，总是名列榜首的人并不一定是最幸福的。如果我们反复强调胜利的重要性，会让孩子的思维受到局限，会让孩子失去作为一个好伙伴的机会。

如果我们采取这样的教育方式，那么，将会产生不良后果。首先，孩子们会变得自私，整日所关注的事都仅仅是自己能不能守住第一名的位置。他们会因为同伴获得了好成绩而变得焦虑不堪，嫉妒心和憎恨感也会与日俱增，并且深刻地存在于他的灵魂中。如此一来，这在孩子的生活中所起到的作用无非是一个加速器，会使他试图超越所有的人。在灵魂深处，他会成为一个竞赛者，就像是随时会进行一场马拉松赛跑一样，而这样的特征会表现在他生活的各种细节当中。而这些小小的细节对于一个不具备从个体的行为来判断其精神层面状况的人来说并不是非常明显的。比如说，这样的孩子走路的时候都希望自己走在别人前面，如果有人超过他，他就会非常不舒服。大多数这样的儿童都有想要走在前面的竞争心态。

我们也可以发现一个现象，在这些孩子中间有一种很明显的特质，虽然我们认为这是正常范畴内的。在这类孩童中，常常能发现一些孩子非常乐观积极，并且很能干，对于其他孩子来说，他们是优秀的，是榜样。比如《圣经》中的一个人物——约瑟。他就是家中排行最小的孩子，他的案例是非常精彩和典型的。仿佛历史想要通过经验给我们一些启示，所以，在这些事件中，我们可以发现很多证据。在漫长的发展历程中，我们手中很多有意义的资料都不见了，我们一定要通过各种方式将它们找回来。

还有一类孩子是从前一种儿童发展而来的，他们的情况也非常普遍。我们可以充分发挥想象力，设想一下一个参与马拉松比赛的人，遇到了一个怎样都无法逾越的困难时会有怎样的事情发生。他一定会千方百计绕过去，跨越障碍。如果一个孩子是属于这样的类型，并且渐渐丧失了一切勇气，他就会完完全全变成一个懦弱的人。我们可以发现，他几乎背离了生活，所有该做的努力在他看来都是不可能完成的事情，所以，他渐渐变成一个善于找借口的人，不再想要努力克服困难，并且他的行为会变得毫无意义。在遇到现实问题的时候，他很容易失败。我们还可以发现一个现象，一般来说，他会不停地寻找各种不存在竞争关系的活动区域，对于失败的现实，他会找到各种说辞，比如说自己受到了太多的溺爱，比如说自己的力量不够强大，甚至是受到了兄弟姐妹的制约。如果他的身体出现了残缺，那么，他会显得更加痛苦。如果出现这样的情况，他一定会以自己力量不足作为逃避的借口。

这两种类型的人一般不容易成为他人的同伴。当今社会，竞争日益激烈，一般来说，前一种人比起后一种人来说处境要好一些，这种人通常是牺牲他人利益来寻找心理平衡的。后者则是生活在自卑的阴影下，并且会因为无法与生活保持一致的步调而感到痛苦。

如果一个孩子在家中排行老大，那么，在他的性格中也会有一些比较突出的特征。第一，因为他具有一定程度的优越感，因此在精神层面能够得到很好的发展。从古至今，长子一般都能够占据家中最有利的位置。这样的传统在很多民族和阶级中是很常见的。比如说，对于一个农夫来讲，如果他是长子，他一定是在很小的时候就明白自己的处境，而且可以预料到自己在未来会成为农场的主人。所以，他会发现相对于家庭中的其他孩子，他的处境是很好的，因为其他的成员明白农场并不会归他所有。对于社会中的其他阶层来说，长子一般会发展为家庭的主力。甚至在一些并未形成这样规则的家庭中，比如普通的无产阶级或资产阶级家庭，大家都会认为长子具有作为父母帮手的权力和能力，而且，他们可以控制其他的兄弟姐妹。我们能够理解，当一个孩子在一个环境中不断被认可、被信任、被委以重任，这对他来讲意味着什么。在他的思想深处，会产生这样的想法："我比其他人更加有能力，我更高更壮、更加成熟，所以，我一定要比他们优秀。"

如果在这个层面上，他发展得比较顺利，那么，我们就可以发现，他会渐渐习惯于维护法律和规则的权威。在他心中，权力是非常重要的，不仅仅囊括他作为个体的权力，并且还会让他对权力本身产生更进一步的认知。在长子看来，权力是只可意会不可言传的。因此，不要惊讶于这样的人会具有保守的特点。

在家中排行第二的孩子在追求权力方面也会出现一些有别于其他人的特征。他希望凭借自己的能力来战胜压力和困难，最终占据优势地位，于是，在他的行为中会存在着一种强烈的竞争态度。他能够看清一个事实，那就是在他之前，曾经有一个人获得了至高无上的权力。这对于他来说无异于一种强烈的刺激。如果说他能够争取到想要的权力，与老大进行竞争，那么，他会以最饱满的热情来面对。在这样的情况下，一直处于安全境地的长子就会感受到一种来自于兄弟的危机感。

在《圣经》中关于以扫（Esau）和雅各（Jacob）的传说中，我们能够看到类似的情景。在整个故事中，充斥着兄弟间的各种残酷竞争，这样的竞争并不仅仅是为了获得权力，更多的是为了一种威信和权力的象征。在一些类似的案例中，就像是有一股强制性的力量不断地引发各种竞争，最终次子推翻了长子的地位，达到了自己的目标；抑或是次子未能获得胜利，渐渐隐退，在隐退之前一般都会找到一些借口，比如说患上了精神性疾病。次子的心态与存在于贫穷家庭的嫉妒感是很相似的。二者之间的主要共同点是，他们都害怕受到冷落和轻视。次子经常为自己订立一些不切实际的目标，因此，他会在痛苦中度过一生。他们之所以会感到内心失衡，是因

儿童为了分出强弱，往往会在避开大人的视线后大打出手。在他们的行为中存在着一种强烈的竞争态度，往往通过武力的方式来彰显其至高无上的权力。在这样的情况之下，作为长子的儿童往往会遭受到来自弟弟们的攻击。

为他们所追求的并不是切实可行的目标，而是毫无意义的幻想。

独生子女一般都会发觉自己所处的环境有些非同寻常。他很容易受到所处环境中的教育方式的影响，或者可以说，他的父母对此也感到无可奈何。父母一般会将所有对于未来的期望和教育的浓厚兴趣都放在这个孩子身上。他会过分依靠别人，依靠他人的扶持和指点。他将一直处于溺爱的环境之中，无法独立地处理各种问题，因为在他的发展道路上，所有的沟壑都已经被他人给填平了。作为众人关注的焦点，他很容易出现这样的问题，同时他会感觉自己很有价值。因为他处于一个不恰当的位置上，因此，他的思想观念很容易出现偏差。假如说父母能够发觉，孩子所处的位置是不利的，并且采取一些具体的行为，就可以避免危险的发生，然而，这毕竟没那么容易。

作为独生子女的父母，在处理问题的时候总是会非常小心，因为他们的生活中存在着很多困难，所以对于孩子总会产生过多的担忧。可是，他们过度的关注和教育对于孩子来说，却会成为巨大的压力。如果说父母太过关心他们的安全和健康，他们会误以为自己所处的环境是充满危险的。他们会变得怯懦，不敢面对生活中的问题，并且会用一些非常不科学的、笨拙的办法来处理问题，这正是因为他们没有相关的生活经验，他们的生活中一向是顺利愉悦的。这样的孩子在独立面对生活的时候，都会感到痛苦，他们会渐渐发展为对社会毫无用处的人，而他们的人生也无法取得成功。他们就像寄生虫一样游手好闲，一直依赖着其他人的关怀。

图中父母对孩子错误的教育，导致儿童变得没有朋友，越来越孤僻。性格也会随之发生扭曲。所以，父母对于子女的教育至关重要，将主导儿童的一生。

我们可以发现，在不同类别的组合中，比如说不同性别或同性别的兄弟姐妹之间，都是存在竞争现象的。如果我们想要针对以上情况一一做出评价，那是不现实的，在这些例子中间，有一个例子是存在于姐妹之间的“独子”的状况。在这样的情形中，因为女孩是家庭关注的核心，于是，男孩会受到冷落，尤其是当男孩是家中最小的孩子的时候。他会感觉到周围的女生对他都有强烈的敌意和排斥感。这些都会成为他成功路上的阻碍。他感受不到正在渐渐发展着的存在于文明社会的男性权力，相反，他会感觉到处都是威胁。在他身上，我们可以发现一个最明显的现象：他会一直没有安全感，会失去正确评价自己的能力。因为家中女人很多，并且对他造成很大威胁，所以，他会认为虽然自己是男人，却没有占据有利的地位。一方面，他会渐渐变得自卑，不再相信自己；另一方面，他可能在受到刺激的情况下确定更大的目标。这样的两种结果都是来自相同的状况。至于这样的孩子会发展成什么样，取决于其他相关的因素和境况。

所以我们发现，一个孩子在家中所处的位置对于他的本能、天赋及奋斗方向会造成极大的影响。这样的事实推翻了性格来自遗传的理论，而之前的理论对于教育工作来说，是有百害而无一利的。毋庸置疑，在所有的情境中，来自于遗传的影响是显而易见的。比如说，如果一个孩子一直不在父母的身边，在他的性格中可能会产生一种“家族成员所独有的”特点。假如我们还能回忆起儿童的遗传性缺陷是如何与其错误发展方向密切相关的，那么，这个问题就更加容易解释了。如果一个孩子在出生的时候身体就是孱弱的，那么，对于所处的环境和生活，他会感到非常紧张。如果说他父亲的身体也有残缺，并且在生活中也有紧张的感觉，那么，这也很好理解，这个孩子的性格中会出现一些类似的偏差和负面的性格特点。从这样的观念来看，这种遗传因素导致性格问题的论断似乎并没有充分的证据。

综上所述，我们可以做出以下判断：一个儿童，无论在发展过程中出现了哪些偏差，在最终所导致的结果中，最严重的莫过于这样一种欲望：用一种高高在上的姿态面对所有的同伴。这在我们的文化传统中并不少见，实际上他是在遵循一种稳固不变的发展模式。假如我们想要避免此类状况的发生，就需要了解他必定会遇到的困难，并对此做充分的了解。在克服困难的过程中，有一个观点是至关重要的，那就是社会感的建立和发展。如果社会感发展良好，所有的问题就不再是问题。然而，有利于社会感发展的时机在我们所处的文化环境中毕竟是不多见的。如果我们可以意识到这一点，就不难理解我们所看到的现象：很多人一辈子都是为了生活而生活，而对于另一部分人来讲，生活就像地狱一样。我们一定要认识到，他们其实是一种错误观念发展出的牺牲品，这种情况会导致一些不良后果，比如说他们会用错误的态度来面对生活。

我们在给予同伴客观评价时，应该保持一种谦逊的态度，尤其是要注意不要针对其道德方面做出任何评价，相反，对于此类知识的提出，我们要保证其社会价值。面对一个犯了错误或步入歧途的人，我们要饱含同情，因为，作为旁观者，对于他们心灵深处所发生的变化，我们应该可以看得更为清楚。因此，一系列涉及教育问题的创新性的观点就应运而生了。如果我们想要找到更多有效的、能够促使我们提升自我的工具，就要加深对错误源头的客观认识。通过对于人类精神构造和精神发展的研究，我们可以了解一个人的历史，并对其未来做出一定的预测。如果是这样，我们就能明白真正意义上的人的含义是什么。我们所接触到的人，都是有血有肉的生物体，不只是一个扁平的躯壳。所以，比起社会中其他的理解方式，我们更应该将其看作是一个同胞。

第二部分 性格的科学

当对于认可的追求战胜一切的时候，人们的精神就会进入一种非常紧张的状态之中。最终，从个人的角度来看，对优越感及权力的追寻就会愈演愈烈，同样，他们的精神就会变得越来越紧张，并会加快脚步去获得自己想要的东西，而他们的生活也将被各种欲望所占据。

第一章　总论

（一）性格的性质和起源

我们所说的性格方面的特征，指的是个体在面对现实生活问题时为了适应环境而表现出来的一些特殊的行为特点。性格这个概念必须放在社会领域中进行研究。我们只有综合考虑个体的具体情况及所处的环境特征，才可以对其性格特征发表正确的意见。因此，知道鲁滨逊·克鲁索的性格中存在哪些特点是毫无意义的。性格其实是一种精神上的态度体现，是个体在面对周围环境时所表现出的一种特质和本能。当然，我们也可以把性格看作是一种行为模式，个体能够在这个基础之上把自我的目标与社会感融合在一起。

我们发现，对权力、优势的渴望和控制他人的目标会一步步地转化为个体的行为目标。在这个目标的引导下，个体的行为和观念都会出现一系列变化，而其心灵层面也会进入一种特殊的状态中。性格特征其实仅仅是个体生活观和行为习惯的一种外在表现，因此，我们可以从一个人的性格特征来理解他怎样对待环境，怎样与同伴相处，及面对生活中的困难时是持怎样的态度的。个体是通过性格特征来获取外界的理解和认同的，因此，个体留给外界的印象就是他们处理事情的技巧。

正如大多数人所认为的一样，性格特征并不完全是来自于遗传因素，是会受到后天影响的。在外界看来，它们类似于一种存在模式，而这个模式会促使个体在一切环境中都不知不觉地遵循着固定的规律来体现自己。性格特征本质上是对于一种特殊习惯的维持，而不是一种遗传的能力或是个人秉性。比如说，一个孩子比较懒，并不是由于遗传，而是因为他认为懒惰能够让生活变得更加舒适，更加简单，而且还能够使自己感受到自身的重要，于是便将其作为一种行为准则。个体可以通过懒惰的行为来表现自己的权力和态度。个体可以将先天的不足作为自己失败的借口，用以帮助他摆脱尴尬的境地。这样的情况总是常见的，在这个过程中，他们会这样说："假如不是因为我存在这样的不足，我一定是很优秀的。然而，糟糕的是，我却存在这样的不足！"个体都是会受到后天环境影响的，如果他对权力的渴望比较强烈，他就会将自己带入到与环境的对峙中，他会锻炼自己各方面的能力，以便取得最后的胜利。我们知道，虽然我们不能够清楚地区分性格和个性有什么不同，然而，它们既不是先天存在的，也不是稳固静止的。通过研究我们发现，这些特征对于行为模式的发展来说，可以发挥良性的作用，并且是必需的。很多时候，这些特征都是在追求目标的过程中逐渐形成的。它们属于次生因素，而不是原始因素，个体的目标是它们形成的基础。我们在分析这些因素时必须从目的论的角度出发。

让我们回头总结一下上文中的观点和论述。我们已经知道，个体在具体环境中的生活习惯、行为特点等与其目标是密不可分的。如果一个个体并没有一个确切的目标，我们就无从下手，也就无法做任何事情。这一目标很早就出现在儿童精神发展的隐藏背景中，并且，自从婴儿出生之日起就开始影响他的各种发展进程。这个目标决定了个体的生活方式和特征，并且引发一系列的事情：每个独立个体都是与众不同的，是一个集合了所有特殊性和智慧性的综合体，而这个目标控制了个体所有的行为和表现。在确定了这一点之后，我们就可以通过他的行为模式来有效地分析并区分一个个体。

对于个人精神层面的现象及性格方面的特点，遗传性因素并不占据重要的位置。我们无法找到任何确凿的证据来证明，性格是由遗传因素发展而来的。假如仔细观察，就可以从一个人精神层面的一些明显特征来追溯他最早的年代，其实，这些都是遗传性因素在起作用。我们经常可以看到，一个国家、民族，或一个种族都存在着这样的现象：个体的性格特点是在模仿他人、在与他人产生认同感的情况下形成的。在肉体与精神生活这两种层面上，总是存在着一些特质、现状、形式或外在体现的，这一点在我们所处的环境中，对于任何青少年都是具有特殊意义的。而这些元素也同样具备共同的特征，那就是模仿。所以，有时候，对于知识的渴求会通过欲望的形式表现出来，这些都可以让有器官缺陷的孩童产生强烈的好奇心，然而，这样的结果并不是一定会出现的。假如个体在生活中、在行为模式方面有相关需求的话，这些对于知识的欲望就会转化为一种与众不同的性格特质。同样一个孩子，寻找自我满足的方法可能是通过研究所有的事物，并且将其拆分开来，或者说将其分解为碎片。相反，如果不是发生于这样的情境下，这个孩子就可能变成一个书呆子。

对于有听力障碍的人，我们可以用与上文中所类似的方式来评价他们的怀疑心理。在这样的一个文明社会中，存在着巨大的危险，在感官方面，他们拥有超人的敏锐度。他们经常遇到他人的嘲笑和讽刺，并且总是被当作残疾人来看待。这些元素是其怀疑心理中非常重要的组成部分。如果说一个聋子每天都无法感受到周围的赏心乐事，那么，他们对此感到排斥和厌恶就很好理解了。那些断定他们的怀疑心态与生俱来的理论根本没有任何基础。同样地，那些认为犯罪分子的性格特征来自遗传的理论同样也是不正确的。对此，或许有人会提出反对意见，他们会用他们所见到的在同一个家庭中不同成员屡次发生犯罪行为的例子作为证据，然而，事实是：在这个过程中，家庭的整体世界观和态度，及消极的榜样作用在这件事中产生了很大的影响。成长于这样家庭中的儿童，在很早的时候就接受了这样的思想：偷窃也是一种谋生的手段。

我们在研究对认可的追求时，也可以用类似的方式。在每个人的发展过程中都会出现很多困难，甚至，没有任何孩童的发展过程中不包含对一些关键因素的追求。这些追求的形式是可以相互转换的。个体总是会用自己独特的方式来解决他生活中出现的问题。那些坚持主张孩童性格特点与其父母相类似的人，很容易得出这样的结论：在追求重要性的过程中，孩子会从周围的环境中找到一些他们信任的人来当作榜样，并且进一步效仿他们的行为模式。运用这样的方式，每一代人都将先人作为榜样，在追求权力的过程中，无法避免地会出现一些棘手的困难，他们就会用这些来巩固自己所学习到的东西。

优势目标的表现方式并不是明显的，而是隐蔽的。一个人的发展会受到社会感的制约。他必须悄悄地发展并将自己伪装成友好的样子。我们需要重新论证，假如人类可以站在他人的立场上思考问题，为他人着想，那么，他的欲望就无法找到可以生长的土壤。假如说这一点可以实现，那么，我们就会变得明智，可以更好地分析他人的性格特点，最后，我们不仅可以自我保护，还会让其他人在表达自身的权力欲望时受到极大的阻碍，个体将很难表达自己的权力追求。如果发生这样的情况，处于伪装下的对权力的追求就不复存在了。所以，我们要不断研究这些元素之间的关系，并充分利用我们所掌握的事实证据，这样做对于我们的目标来说将有重要的意义。

由于我们所处的大环境是非常复杂的，所以，要想在教育过程中坚持一贯的正确性并不容易。在人们心中，学校本该是用来锻炼个体心灵敏感性的，而事实上人们并不愿意接受这样的方式。事到如今，学校退化成一个用填鸭式的方式将教条的知识和资料堆在受教育者面前的场所，并且，允许受教育者去自行吸收那些可以吸收或自愿吸收的知识，在激发参与者兴趣这方面并没有采取行动。甚至这类学校中的多数都不具备现实意义的想象力！至今为止，人们依旧对这些人性理解的关键性问题采取视而不见的态度。在传统学校中，我们也可以学到关于怎样判断他人性格特征的技巧。我们可以初步识别哪些是好人，哪些是坏人。而那些我们无法学得到的知识是怎样去改变我们的态度的？在这方面我们有所欠缺。最终，我们依旧带着这样的缺点在生活中发展，并一直深受其害。

作为一个成年人，我们固执地坚持着年少时候的错误观念，仿佛他们是神圣的法律。我们还没有注意到，我们早已置身于纷繁复杂的文化困惑中：我们一直没有发现，我们的所有假设，即假设我们所认识的事情就是它本身的样子，都是不现实的。最终，通过总结，我们得到了这样的结论：我们习惯于从个人自尊心出发来解释所遇到的事情，并且也会将我们对权力的追求欲望作为立足点。

（二）社会感对性格发展的重要性

社会感对于性格发展的影响仅次于对权力追求所产生的影响。在儿童性格发展的早期，会有一些心理方面的趋向，而社会感与个体对权力的渴望是类似的，尤其是在个体对于触碰和情感的渴望上，更是如出一辙。我们已经在上文中针对什么样的因素是有利于社会感发展的这个问题进行了一系列的探讨，我们现在就简单地回忆一下前文所提到的因素。社会感与自卑感之间的关系是多面的，自卑感会影响到社会感的发展，另外，自卑感对于权力的补偿欲望也会作用于社会感之上。人类性格中含有自卑情结的生存土壤。在精神生活发展的过程中，与自卑感一同产生的还有寻求补偿的欲望和安全感、整体感。之所以会想要这样做，是想获取宁静快乐的生活。我们一定要适当地为儿童提供相应的指导，而这些都是以认可其自卑情结为前提条件的。我们应该从上文中得出这样的结论：我们一定要保证儿童的生活中有快乐的成分，我们要避免儿童在最开始就学到一些负面的东西，我们要适当地为他们提供享受快乐生活的机会。在此，一些应运而生的、关于物质方面的条件就可以对其发生影响了。然而，让我们感叹的是，儿童的成长环境大多是悲苦的。其中充斥着贫穷、误会、单调等因素。在这些因素中，最致命的要数身体上的缺陷了。之所以这么说，是因为这样的因素导致孩子无法进行正常的生活，因此，他们会试图寻找一些特殊性的法律或规则来保护自身利益。虽然，我们的社会中存在各种用以保护个体利益的条款，然而，却无法避免以下现象的发生：在这些孩子心中，生活就意味着一种让人痛苦的历程，他们对社会的消极看法会让他们的社会感变得歪曲。

通常情况下，我们把社会感作为评价一个人的途径，与此同时，能够对一个人的行为和思想做出一系列的评估。这样的观念是值得坚持的，因为人类是群居动物，任何处于社会中的个体都需要与社会发生关联。我们需要不同程度地清晰了解，对于我们的同胞的行为，哪些是值得我们感激的。我们生长在同一个空间范围内，都被一种同样的规则所控制。在这些事实下，我们倾向于用我们所掌握的标准来对我们所遇到的人进行评估。对于我们来说，无论在个体发展中的哪一个阶段，都需要以社会感作为衡量个体价值的标准，并且，这样的规则是最具普遍性的。我们一定要接受对于社会感的依赖，而不是用力地加以抗拒。其实，任何人都无法完全与社会感脱离关系。我们找不到任何合理的理由促使我们彻底不理会对同伴的责任。社会会通过各种方式来提醒我们。

但是，这并不能表示在我们心灵深处，社会感已经拥有稳固的位置。然而，我们一定要明白一点，如果我们想要将社会感彻底抛开，或扭曲成另外一个样子，就一定得拥有某种权力或资格。并且，因为社会感是被普遍承认的，因此，如果个体的行为不能被证实是正当的，那他就无法采取任何行动。想要证实某一种思想或行为是正当的，这一需求的源头存在于社会联合体中，并且整个过程是在不知不觉中进行的。首先，这作为一个先决条件，决定了以下的事实：我们在自身发展过程中，随时都要为自己的行为找到合理的解释。生活、行动和思维就是在这个过程中慢慢形成的，这些元素能够确保我们和社会之间保持着和谐融洽的关系，或者说，在一开始，当我们首次接触社会关联性的时候，会不由自主地自欺欺人。总之，通过这些解释，我们可以确定，在我们的意识中，有一种类似于社会感的情感存在，它会对我们的思想产生误导作用，会遮挡我们的视线，让我们无法正确地看清事物的本质。这些因素会导致我们在面对一种行为或一个个体时，做出错误的判断。由于存在此类欺骗的可能性，因此，我们在评估社会感的时候会出现很多困难，我们无法用科学和合理的方式来理解人性的内核。下面，我们举例说明我们在对待社会感这个问题时，会出现怎样的错误。

有一个青年曾经提起，他和几位要好的朋友一起游泳，他们来到了一个海岛上，而且在那里度过了很长一段时间。结果，其中一个人斜着身子在悬崖边张望的时候，不小心失去平衡掉到海里去了。同行的青年也斜着身子好奇地往下张望，眼睁睁地看着同伴慢慢下沉。在他回忆当时的情况时，并不认为这是出于好奇。虽然掉进海中的青年非常幸运，被人救了上来，可是，我们在了解了这件事之后，一定会认为同行的青年是缺失社会感的。就算我们偶然间听说他对自己的朋友很好，并未让任何人觉得受伤害，我们也不会傻到去相信他是具有社会感的。

我们这个结论虽然比较直白，也比较大胆，然而，我们依旧可以从生活中找到各种证据来证明这个观点的正确性。这个青年经常会梦到这样的场景：他被人关起来，那是一座很小却很漂亮的房子，位于一个偏远地区的森林里。而他也非常喜欢将这样的情景作为主题融入到自己的绘画作品中。如果一个人对他之前经历的事情了如指掌，并能够准确地理解他的幻想意味着什么，那他就会发现，这样的梦境恰巧再一次表示他欠缺社会感。如果我们不考虑一切道德因素而做出判断，他性格中的某种元素已经严重地阻碍了他自身社会感的发展，这样的论断对于他而言，也是公平合理的。

下面有一个例子可以充分地说明在虚伪的社会感和真正的社会感之间，存在哪些本质区别。有一个老太太在上公交车的时候身体失衡，不小心摔倒在雪地上。她在地上动弹不了了，而身边的路人却视而不见地从旁边经过，没有人伸出援助之手。最终，一名男子走过来，将老人扶起来。就在这时，一名陌生男子出现了，原来他一直在某个地方藏着，看到有人将老人扶起来之后才走出来。只听他对这名男子说："谢天谢地，终于出现了一个值得敬佩的人。我站在这里已经有五分钟了，我想看看是否有人愿意对老太太伸出援手。你可是第一个出手帮助她的人啊！"通过这个案例我们发现，很多时候，人们对于社会感存在着误解。就像案例中冷眼旁观的男子，却通过一种方式将自己摆放到高高在上的位置上，对他人品头论足，指指点点。他将自己定位为局外人，却始终不肯伸出手帮助陷入困境的老人。

下面，我们一起来看一个更加复杂的案例，通过这个案例，我们无法确认社会感的强弱程度。我们唯一能做的事就是从根源上研究这些实例。从前有一位将军，他在明明知道自己处于战争劣势的情况下还强制性要求手下做出无谓的牺牲。将军当然可以将国家的利益作为借口，并且大多数人会觉得这样的理由是合理的。可是，无论他用什么样的借口为自己开脱，我们必定会认清一个事实，如果想要和他做同伴，那将是一件困难的事情。

为了在评估的时候防止错误的发生，在以上这些案例中，我们要找到一个具有普遍适用性的结论。在我们看来，或许要从对社会的有利性，对全人类的贡献性及“共同的利益”等概念中来寻找。假如我们可以找到这样的概念，就可以在之后的判断中减少错误的产生。

个体的任何行为都可以暴露他社会感的程度。社会感可以在个体外部行为上非常明显地体现出来，比如说，他在面对他人时的表情，他说话的口气等，他无时无刻不在用这样的方式给他人留下深刻的印象，对此，我们也可能通过直觉来感受。有时候，通过一个人的某个动作，我们会不自觉地总结出一些比较深奥的道理，而我们似乎也对这些理论产生了依赖性。面对这些讨论的时候，我们不仅仅是把来自于直觉的东西放进意识的范围内，同时会以此为标准来做出相应的测评，最终，我们能够防止出现更大的偏差。这种直觉向意识转变的行为是非常有意义的，通过这样的环节，我们不会产生偏见（这样的偏见是属于活动性的，如果我们在无意识的情况下对事物做出评价，我们将失去对自己行为的控制力，并且不再拥有改正的机会）。

这里需要再次强调的是，只有在深入地了解周围环境和语境的前提下，我们才可以去评价研究对象的性格特征。假如我们将其生活中单一的一面进行歪曲的解释，比如说片面地只看到一个人的健康情况或是只将焦点放在他所处的环境和受到的教育程度上，就非常容易犯以偏概全的错误，而这样的结论很有可能是不可靠的。这个论题是非常有意义的，因为通过这个议题，我们将人类肩上的压力消除了。如果我们能够加强对自己的认识，并且注重生活方面的技巧，那么，我们一定可以找到一种更加有效的行为模式。最终的情况可能是，我们用正确的方法对他人产生了积极作用，尤其是对孩子而言，我们能够有效地预防可能发生在孩子身上的厄运。所以说，作为人类中的一员，我们不能仅仅关注于先天性的不幸，这些不幸只是来自于周边的环境、家庭或遗传。只要我们可以按照上面的方法去做，我们的社会文明就会得到显著的改善。我们的孩子将会变得越来越勇敢，他们将会很好地把控自己的命运。

（三）性格发展的方向

对于一个人来说，性格中的任何显著特质一定是与其精神层次的发展方向相统一的。这样的方向或许是沿着直线的，也可能会充满曲折和岔道。最开始，儿童追求目标的方向一般是沿着直线前进的，而且会形成一种乐观积极，勇敢自信的特质，这就是性格发展初期的特征。然而，这样的方向是很容易发生变化的。困难是不可避免的，比如说当孩子遇到一个强大的竞争对手时，对手会用强大的力量对儿童发起进攻，使他无法沿着既定的方向前行并达到目标。儿童会试图找寻逃避困难的方法。如果说他采取的是逃避的方式，那么，这将很容易成为他的性格特征。此外，还有一些困难在性格发展中发挥着很大的作用，比如说器官残缺，或因为逆境而导致的失败，这些对孩子都会产生类似的影响。另外，比较大的世态和环境及教师对于孩子的作用力也是很明显的。教师对于孩子提出要求、质疑或是在教育过程中带有一定个人情绪，都会影响到儿童的成长，而在我们的文明中存在的责任也会有类似的作用。任何教育形式仿佛都将注意力集中在怎样设计性质和态度，以便让学生可以按照社会的要求和文化的发展方向前进。

无论是什么样的困难，都会让性格的直线发展变成一件危险的事情。困难的出现会让儿童所决定的用来追求权力的直线线路发生不同程度的偏差。在最开始，孩子是不会受到影响的，并且可以依靠自己的力量克服困难，但是，渐渐地，孩子会变得与之前有所不同，他会发现火可以燃烧，并且知道哪些对手是需要自己谨慎对待的。他会开始试图选择一条蜿蜒曲折的路，而摒弃之前的直线道路，他的目标依然是取得别人的认可及获得权力，可是，他开始懂得使用技巧。他的发展进程与路线所发生的偏差程度是相统一的。

他是不是显得太过小心翼翼，他是不是发觉自己需要去配合生活，与生活协调起来，他是不是也试着避免这类情况的发生，这些问题都是以之前的因素为基础的。假如他不去克服所遇到的困难，假如他越来越胆怯，不敢直接接触一个人的目光，或不再有说真话的勇气，那么，他会变成另外一个样子，虽然他树立的目标是与其他孩子一样的，就像是两个行为方式不同的个体却拥有同一个目标。

在某种程度上讲，一个人可能会遭遇到以上两种发展特征。尤其是在最开始的时候，孩子的性格特征还没有完全形成，他们所坚持的规则还有可以改变的机会。当孩子们并没有选择同一条路，当他们遭受失败于是主动转向另外一条路的时候，就会发生这样的情况。

适应社会要求的前提条件是并没有受到来自外界的干扰。如果我们可以轻松地让孩子学会如何适应社会，并让孩子不再用一种敌对的态度去看待周围的环境，就可以实现这种适应。只有在一种情况下，家庭内部才会达到完全的和谐，那就是：教育者通过某种手段不断缩小自己对于权力的欲望，同时不再让孩子感到来自他们的压力。另外，如果父母能够掌握孩子是按照怎样的规律发展的，那么，他们就可以阻止这种过于夸大的直线性格特点的转变，就像是勇敢的态度突然转变成不知羞耻的观念，独立自主的价值观转变为自私自利的自我主义。同样的道理，父母一定要避免将强大的权威压制在孩子身上，让孩子变得像奴隶一样，只懂得如何顺从大人的安排。这样的训练对于儿童来说，是非常有害的，可能会导致孩子在其他场合始终保持沉默，他们对于真相或真实的结果，具有一种恐惧心理。压力在教育中有时可以发挥正面作用，有时也会产生负面影响。通常情况下，表面的适应并非是真实的，被强迫的服从并不是真的服从。我们可以从一个人的灵魂深处感受到他与周围的环境拥有怎样的关系。同时，从儿童的个性特点中，我们可以看到一切可能发生的困难是不是可以对儿童产生直接或间接的作用。通常，孩子是无法对外在作用产生自己的想法的，而与他们生活在一起的成年人对他们也知之甚少，缺乏了解。因此，我们可以看到，构成儿童个性的因素包含他所遇到的各种困难及他们对困难所做出的反应。

在这里，还存在其他的系统，我们可以以这些系统作为基础来对人类进行分类。而分类的标准就是个体面对困难时所做出的反应。首先，有一类人的态度是乐观的，通常来说，这种个体的性格是直向发展的。在面临困难的时候，他们会采取积极的态度，勇敢地去面对，并不会把困难看得太重。他们总是非常自信，在对待生活上也是比较轻松愉悦、乐观向上的。对于生活，他们没有太多的奢求，因为他们可以正确地判断自己的力量到底有多大，而且他们从来不妄自菲薄。所以，与那些面对困难时只会退缩或对自己产生不信任感的人，他们能够更好地处理遇到的问题。每当陷入困境的时候，乐观的人总会显得非常从容，并且深信自己可以克服一切障碍。

我们可以从一个人的行为举止上看出他是不是一个乐观的人。他们从来不畏畏缩缩，他们会侃侃而谈，既不会谦虚过头也不会畏首畏尾。假如我们用一句很有诗意的话来对他们做一个描述，可能会是这样：他们用宽广的胸怀时刻准备好拥抱自己的同伴。他们态度谦和，富有亲和力，很容易和他人成为朋友，因为他们从不会疑神疑鬼。他们说话非常直率，他们的举止、动作、节奏是从容淡定的。这样的人在现实生活中很难遇到，除非追溯到童年时期。可是，只要在现实生活中可以与一定程度上的乐观者接触，我们就心满意足了。

与此相反的另一种性格类型是悲观者。我们的教育也会在面对这些人时遇到最大的挑战。因为童年时不愉快的经历或是一些旧有的回忆，一种深刻的自卑感已经深入他们的骨髓之中了。在他们看来，困难已经用各种方式让他们产生了这样的误解：生活中到处都是困难。作为一个悲观的人，他们会树立一种悲观的哲学，在面对生活的时候，他们只会将注意力放在阴暗面上，这是因为他们的童年给他们留下了深刻的阴影。与乐观的人相比，他们识别困难的能力更加突出，对他们而言，一点小事都会让他们变得沮丧。这类人一般都缺乏安全感，他们总喜欢从生活中寻找支持自己的力量。我们通过他们的外在表现，可以很容易地看出他们希望得到帮助的心理，他们害怕寂寞。假如他们只是孩子，他们就会非常依赖母亲，时刻黏着她，或是母亲稍一离开就大哭大闹。甚至，在他们年岁已高的时候依然表现出这样的心理。

悲观者的谨慎态度是非常变态的，对此，我们可以从他们的行为举止中找到相关证据。悲观者总是习惯于计算所处环境中可能出现的困难和危险。显而易见的是，这类人的睡眠状况一般都非常差。事实上，想要评价一个人是否得到很好的发展，睡眠就是一个很好的标准。因为失眠多梦或睡眠质量糟糕的现象就是缺乏安全感的个体怀疑心理的最主要症状。这种情况的实质应该是，这些个体因为想要让自己时刻脱离困难的纠缠，所以一直保持着高度的警觉性。这样的人一般都缺少生活乐趣，而他们对人生的态度也是让人同情的。睡眠状况糟糕的个体在发展的过程中总会产生一种扭曲的生活模式。如果按照他的逻辑去思考，认为他真的是对的，那么，他就压根不敢进入睡眠状态了。假如说生活真的如他所认为的那样糟糕，那么对他来说，睡眠真是让人抓狂的事情了。如此可见，悲观的人是站在生活的敌对面来面对一切的，他们对生活中的困难持有的是一种无奈的态度。其实睡眠本身是不必要被扰乱的。如果我们发现周围有一个人经常查看房门是不是关好了，或者总是梦到家中进入了盗贼，我们就可以推测这个人也是具有悲观思想的。其实，我们也可以通过一个人的睡姿来判断他是否悲观。如果一个人在睡觉的时候喜欢蜷缩着，或用被子将头蒙起来，那么，就可以将他归入悲观主义者的行列。

我们可以将人类分为防御型和攻击型两种。攻击型的个体总是将自己的态度表现得异常激烈。这类人通常会在某些状况下将勇敢扭曲成鲁莽，并急切地向周围的人表明他们的才能，与此同时，一种深切的不安全感也明显地表露出来。假如他们的情绪是焦躁的，那么，他们会试图调动自己的勇气来对抗恐惧感。他们所带有的一些“男子气概”到了近乎荒唐的地步。在他们这类人中有一部分千方百计地压制心中所有的和善和温情，因为在他们看来，这样的表现是一种懦弱。攻击型的个体给人的印象总是野蛮残忍的，并且，他们的性格中含有悲观主义的因素。那么，他们的行为会导致一切与周围环境的关系都发生变化，因为他们根本不会同情他人或与人合作，他们总是站在世界的对立面上。同样的道理，他们对自我的认知可能是不客观的，比如说过高地估量了自己的能力。他们给人的感觉会是傲慢无礼、目中无人、自我满足。他们将自己定位为一个征服者，而这样的态度难免让人感觉到虚伪。可是，这些人的行为一般都比较多余，而且目的性过强，这不仅会造成他和周围的环境格格不入，也会将自己的所有性格特点暴露无遗。这样做就仿佛在一个不稳定的地基上建设了一个摇摇欲坠的阁楼。他们的这种行为方式会一直持续，并且不断引发他们的攻击欲望。

他们随后的发展也不会是一帆风顺的。公众对于这样的人并不会给予支持。他们锋芒毕露的表现会让人觉得很不舒服。当他们竭尽全力在人群中出风头时，很快就可以发现周围有一些和他们类似的人也在与他们竞争，恰恰是他们让这些人有了想要竞争的冲动。在他们看来，生活就是一种战争。可是，当他们屡次遭受失败打击的时候，他们所有的成就和辉煌都会引发一种近于毁灭的现象，他们不会在守护权力的道路上走得太远，他们也无法改变自己失败的惨状。

当他们达不到目的时，失败对于他们来说会产生一种反作用力，而且，当他们停滞不前的时候，就会发展为另一种性格类型。前边所说的类型是进攻型的，而另一种则是受攻击型的，他们总是处于一种防御状态中。他们用焦虑、小心翼翼来弥补自身的不安全感，而不是像上文中所说的人一样进行攻击。我们能够确定的一点是，假如攻击性的态度没有长久地持续下去，那么，就不会出现防御型的人。这类人经常会被生活中的困难所吓倒，他们总能够从现实中推断出一些非常消极的结果，然后很容易转向逃避问题。有时，他们会将自己对失败的厌恶感明确地表现在外面，仿佛这种逃避的方法是对他们有利的。

所以说，每当他们将自己放在回忆中，并且天马行空地胡思乱想时，其目的其实只是想要逃避所发生的一切。在他们中间有一部分人，在还拥有创造性思维的时候，却做了一些对社会而言毫无益处的事情。他们与社会脱离联系，将自己沉浸在幻想中，并且打造出专属于自己的小世界，在这样的领域内，是不存在任何障碍的。这些人是游离于社会规则之外的。他们趋向于向各种困难妥协，并且屡次失败，在他们看来每一件事情和每一个人都是可怕的，他们的疑心会越来越重，只能将自己完全放置在和世界对立的立场上，除此之外没有其他的想法。

然而，不幸的是，处于这样一个文化环境中，他们的态度会因为他人给予他们的负面影响而越来越强烈。在很短的时间内，他就会完全失去对人类美好生活的向往。在这类人身上，我们可以发现一个很明显的特征，那就是他们带有强烈的批判心理。有时，这样的态度会变得非常明显，他们甚至可以从他人身上找出那些完全不明显的缺点。他们将自己称作是人性的评判者，然而，他对于和他们在一起相处的人却没有半点益处。他们总在破坏同伴的计划并将焦点放在批评别人上。他们疑心很重，这让他们感到很焦躁，在做事的时候会优柔寡断。可是，当他们面临一个任务的时候，就开始变得迟疑，就好像他们不愿意做出任何选择。假如我们想用详尽的语言去描述这样的人，我们可以想象以下的画面：他用一只手臂保护自己的安危，与此同时，用另一只手臂将自己的眼睛保护好，如此一来，他就可以对危险视而不见了。

在这些人身上，我们还可以找到一些让人无法产生愉快感觉的特点。我们都知道，一个连自己都怀疑的人，是无法相信其他人的。这样的心态很容易发展为贪婪和嫉妒心理。这些不信任他人的人总是过着与社会脱节的生活，这就说明：他们不希望看到别人高兴，也不希望将自己的快乐与人分享。另外，对他们来说，不熟悉的人获得了幸福，就意味着他们的苦难。他们一般会通过一些非常有效并且不容易被阻止的行为来超越他们的假想敌，然后获得一种满足感。当这些人竭尽全力追求满足感的同时，这些行为都可能发展出较为复杂的模式，甚至在初次接触的时候周围的人并不会怀疑他们是站在人类敌对的立场上的。

（四）以前的心理学流派

的确，在当人们没有意识到存在这样一种研究的方向时，我们同样可以尝试了解人性。最常见的方式是从精神发展的语境里单独取出某一部分，并且在此基础上建立一种行为模式。比如说，有一部分人非常喜欢思考，他们存在于虚幻的想象中，脱离了现实。比起其他的类型，这样的人行动力比较差。另一种类型的人总是不喜欢思考，他们忙于现实中的事情，比较务实。这类人是真实存在的。可是，假如我们对此表示赞成，我们的研究也就宣告结束了。而且，就像心理学家一样，我们勉强赞同，在一类人中幻想的能力比较突出，而另一类人则是发展了更好的工作能力。但站在科学的角度上，这还不够。我们要找寻更完美的论述，用来描述事情的经过，这样的情况是不是必然的，或说我们是否可以避免。为此，表面性的分类在研究人性的过程中是无意义的，就算事实证明确实存在很多类型。

心理学家已经发现了在儿童心灵发展过程中的下面这个问题，这恰恰可以引起精神表现形式的变化。专家已经提出了这样的论断：不管是从整体出发还是从个人出发，在精神表现中要么是对优越感的欲望占有利地位，要么就是社会感占据主流。按照这种说法，个性心理学家显然已经能够用一些比较简洁或有一般性意义的概念去分析人性。所有的人都可以以这个概念为标准来进行分类，因此，这个概念的应用范围是非常广阔的。毋庸置疑，在每个案例中都会出现适于心理学家用于研究的那些小心翼翼的态度。拥有这样一个明显的前提，我们可以掌握一个衡量事物的标准并得出结论：想要判断一种精神现象是否存在社会感，只需要将其与个人对优越感的追求结合在一起。或者，我们可以得知，一种精神现象是拥有功利性的，存在着自我主义和野心，这些都是赋予个体优越感的元素。以此为前提，如果想要了解一种被我们之前所误解的性格特征就不是一种奢望了。并且，按照他们个性整体的地位来对他们进行评判也是很容易的。同时，只要我们对于一个个体的任何行为特征产生了一定的影响，我们就掌握了可以对其行为进行纠正的工具。

（五）气质和内分泌腺

按照气质来将人进行区分是一种存在于精神领域的古老分类。对于气质，我们很难给它一个明确的界定。它是指一个人在思索问题、说话或做事时的敏感程度？还是指一个人在处理事情时的素养和节奏？通过分析心理学家为气质所做的界定，我们发现这些都不是合理的解释。我们需要认清一点，我们始终不能脱离四种气质学说对于科学的影响，这些学说的起源可以追溯到远古时期人类研究精神生活的时代。自从古希腊的希波克拉底提出了相关假设，我们就开始将气质分为四类，包含：胆汁质、抑郁质、多血质及黏液质。这样的分类被普遍应用于罗马人的生活中，并成为了宝贵的遗产。

那些属于多血质气质的人，在日常生活中始终显现出愉悦感，他们对事情的态度比较宽松，他们是不会轻易忧伤的，他们可以找到事情中最愉悦的成分。他们也会悲伤，但不会崩溃。他们能够感知快乐，但不会因为太过欣喜而失去理智。通过这些描述，我们可以了解到，他们是没有缺陷的健康人，而对于另外的一些人，我们却不能武断地做出这样的结论。

如果用古老的诗词来进行阐述，胆汁质的人会突然将地上的石子一脚踢开。从个体心理学的层面上来讲，这类人对权力的欲望是很强烈的，最终导致他喜欢做一些有挑战性的工作，就像他必须随时随地地证明自己的权威性一样。面对困难的时候，他只会想到用一种带有攻击色彩的方式去解决。其实，从童年起他们就已经开始进行这样强烈的活动了，在那个时候，由于他们感到自己缺乏权力，所以才想要证明自己。

抑郁质的人给人的印象是不同的。比如，当这类人看到石子时，会回忆起自己的罪过，开始沉浸在回忆的悲痛里。个体心理学将这类人看作是完全暴露自己忧郁个性的神经质者，他们很怯懦，无法克服困难。他们害怕冒险，宁愿停留在原地。如果说他们是在前进，那么他们一定是非常谨慎的。他们是典型的怀疑主义者。他们的注意力多会放在自己身上，因此无法发觉与社会接触的合适时机。他们焦虑的个性让他们很郁闷，因此，他们会纠结于过去，而将时间都浪费在自省中。

总体来说，黏液质的人不太熟悉生活。他们面对生活的种种现象，却无法得出适当的结论。他们并不会对任何事物感兴趣，也不会与人深交，总之，他仿佛与社会隔绝，在以上的各类人中，他们可能是离生活最远的人。

所以，我们可以这样说，只有多血质的性格比较好。可是，我们很难对气质进行清晰的界定。因为在很多时候，人们身上都会出现多种气质，这样的情况让气质学家的结论失去了意义。无论哪种气质，都是会发生改变的。一般来说，这些气质是互相交叉的，比如一个人在儿童时期是抑郁质，后来却成了多血质，最后又发展为稳固的黏液质。多血质的人在年少时出现自卑感的概率是很小的，这些人一般不存在身体的缺憾，性格也比较温和，所以，他们能够稳定地生活。

在这一点上，科学家也进行了研究。研究表明：“气质依赖内分泌腺。”内分泌的重要性是医学的一项最新发现。内分泌腺包括甲状腺、脑垂体腺、肾上腺、甲状旁腺、胰腺、睾丸和卵巢中的间质腺及其他某种组织，对于这些，我们的了解是肤浅的。这些内分泌腺在没有导管的情况下可以将分泌物运送给血液。

一般来说，人体的所有器官或其他组织的发展都会受到这种内分泌物的影响。它们的作用是解毒和激活。这些对于生命来说是不可或缺的。可是，这并不是它们的全部意义。对于内分泌物的研究也只是处于开始阶段，对于它们的功能，我们所掌握的还很少。可是，在这方面的研究结果已经为以性格和气质为研究对象的心理学思想指明了方向。它的结论是性格和气质都会受到内分泌的影响，因此，我们必定会更加关注它们。

首先，大家一起来讨论一个问题。假如说我们研究一种互动性疾病的发展，比如说由甲状腺分泌缺乏而引起的呆小病。我们确实可以发现这与黏液质是相关的。这些患者皮肤粗糙，头发不健康，身体肿胀，行动迟缓，无精打采。而且，他们很迟钝，缺乏创造性。

那么，我们将这些与黏液质特征进行对比，就算我们找不到任何证据证明病变的过程，但依旧可以发觉这是两种完全不同的情况。所以，可以这样说：表面看来，甲状腺分泌的物质对于精神功能是有重要作用的，可我们不能断定这种分泌物的缺失一定会造成病理性气质。

病理性黏液质和黏液质是不一样的，他们的区别在于个体心理发展的不同。黏液质类型的个体并不是静态的。我们可以发现，他们会有一些猛烈的反应，这令我们很惊奇。没有任何个体一辈子都是黏液质的。实际上，这样的气质只是一种刻意的存在，是敏感的人为自己构建的防御型机构（他的决定性倾向是自己想象出来的）、一种试图脱离外界的态度。这种气质是一种对于外界防御型的反应，而呆小病患者所表现出来的是迟钝、懒惰和无法适应生活，这两者之间是有本质区别的。

在一些看似是因为缺乏甲状腺分泌而转变为黏液质气质的人中，以上的说法并没有被推翻。最重要的是那些复杂的原因、器官活动及环境的作用让个体失去了自信。而这样的自卑情结则可以发展为黏液质气质，他们总是试图保护自己的利益不受侵害。然而，这就说明，我们所研究的是一种已经在整体上研究过的对象。其实，甲状腺的缺乏是一种器官缺憾，我们却将其结果误认为一种具有支配功能的因素。并且，这样的残缺会导致个体对待生活的态度变得扭曲，而个体也会通过一些方式加以弥补，这就是我们所熟知的黏液质的特征表现。

为了论证我们的结论，我们将观察其他内分泌物并且研究与之相配套的气质特征。让我们来看看巴西多氏病或甲状腺肿大中甲状腺分泌过多的例子。其病症表现为：心跳快、眼球突出、脉搏高、甲状腺肿大、性格极端、手发抖。他们容易出汗，他们的肠胃也经常超负荷运作。他们脾气暴躁，比较敏感。他们还是急性子，经常焦虑。

可是，我们不能说这与心理学上的焦虑症状是完全一样的。在突眼的甲状腺肿大患者身上看到的症状——焦虑、无能、虚弱等不一定都出于精神原因，也可能与器官有关。将其与一个急性子的精神病人相比，就会形成明显的区别。如果一个人是由于甲状腺功能障碍所引起的精神亢奋，那么，他们是因为长期服用过量甲状腺分泌物而造成的。而那些容易激动、焦虑的人则是因为之前的精神发展而造成的。前者的行为都是相似的，却没有目的性和计划性，这些却是其性格和气质的重要特性。

在此，我们要研究一下其他内分泌腺。它们与睾丸和卵巢的发展是紧密联系的。一般来说，生殖腺或性腺有问题的人，内分泌也会不正常。我们并不能指出为何这二者之间具有特殊的依存性。在各种案例中，或许我们会推导出一些存在于其他器官缺陷中的论断。通过生殖腺残缺的案例，我们发现，器官残缺的人不容易适应生活，他们必定要找各种方式去解决问题。

那些热衷于研究内分泌腺的学者让我们相信，内分泌是可以决定性格和气质的。可是，睾丸和卵巢的反常却不容易被发觉。在各种案例中，我们所讨论的都是个例。在此，不存在个别的精神习性，它们与性腺失常的关联是以特殊疾病为起源的。我们并没有发现任何可以作为证据的因素。那些对生命来说起关键作用的、来源于性腺的刺激物，对于儿童在环境中的位置是起决定作用的。可是，这些刺激物是由其他器官衍生的，且不一定是个别精神特例的基础。

因为评价一个人并不是件容易的事情，犯错的后果也是惨重的，因此，我们一定要强调一下：先天存在器官缺憾的孩子会用各种伎俩和技巧来获得安全感。可是，这也是可以避免的。其实，并没有任何问题可以导致此状况的必然发生。它或许让他沮丧，但并不是同一回事。之所以这种情况会发生，是因为我们没有努力消除这类儿童所遇到的困难。人们眼看着他们发现错误，却并没有提供相应的帮助。在实践中，我们发现新的位置或语境心理学能够验证这一结论是正确的，而这些对于气质或体制心理学是不小的打击。

（六）综述

在研究单一性格特征之前，我们先回忆一下之前的结论。我们知道，单纯依靠孤立的现象是无法对人性进行全面了解的。为了更全面地了解，我们要比较两种以上的不同时空的现象，并将它们统一起来。事实证明这样的方式是有效的，我们可以集合很多资料，通过系统排列进行合理评估。假如仅仅研究孤立的现象，我们会使其他心理学家产生困扰，所以，我们必须使用看似无用的传统方式。然而，如果我们将合理的观点用体系的方式连接成单独模式，我们就会得到一个有力量的系统，它可以对人产生合理且有价值的评价。只有这样，我们的研究才是科学的。随着对人的熟悉，我们会改变自己的判断。在做出修正前，我们一定要形成一个清晰的形象并以此作为教育的基础。

为此，我们研究了各种方式并且已经在正常人可用的范围内付诸实践。另外，有一个元素在整个体系中是不能被忽略的，那就是社会因素。我们不仅要观察个体的精神生活现象，还要将其放在社会背景中进行研究。为了社会生活，有一个论点是最基本和最关键的：道德判断的基础不是性格，性格的作用是体现个人对周围环境的态度和个人与社会的关系。

在研究过程中，我们发现两个普遍现象：首先，社会感是普遍存在的。这是一个基本前提。社会感是我们评价精神生活的唯一标准，通过它我们可以估量个体获得社会感的程度。通过了解个体对待社会、同伴的态度已经怎样让他拥有力量，我们就可以对个体进行综合评估。然后我们会发现通过社会感对立面的权力也可以判断个体的性格。因此，我们可以了解人与人之间的联系是如何影响社会感的，同时，个人对权力的追求也是站在对立面的。这类似一个平行四边形，它是动态的，所谓的性格就是其外在表现。

第二章　攻击性性格特征

（一）虚荣和野心

当对于认可的追求战胜一切的时候，人们的精神就会进入一种非常紧张的状态之中。最终，从个人的角度来看，对优越感及权力的追寻就会愈演愈烈，同样，他们的精神就会变得越来越紧张，并会加快脚步去获得自己想要的东西，而他们的生活也将被各种欲望所占据。因此，由于他们已经不再和生活产生关联，所以他们已经没有半点现实感，他们太过在意自己在别人心目中的印象，时刻想象着周围的人对他们投来的是怎样的眼光。在这样的生活状态下，他们的一举一动都会受到自身的限制，在他们身上，我们可以看到一些明显的特征，那就是虚荣。

也许，在某种意义上讲，每个人都或多或少地存在虚荣心。可是，我们并不认为虚荣是一件好事。所以，通常情况下，虚荣并不是直截了当地出现在我们的生活中，而是不断找寻各种各样的形式来做掩饰，比如说，谦虚就是一种以虚荣为本质的表现形式。或许，有些人自始至终都没有在意过别人的想法，而另外一些人则想获得更多人的赞同和支持，并且会以此作为自身炫耀的资本。

当虚荣心逾越了适当的界限，就会变成一件极其危险的事情。虚荣的人并不关心周围事物的本质，而是将焦点放在事物的表面上，因此，他们所做的很多工作和努力都不存在任何现实意义。虚荣的人在大多数时候都只是关注自己的利益，或只是在乎自己给他人留下的印象，在所有的危害中，最严重的莫过于虚荣早晚都将导致个体失去与现实的关联。在这种情况下，个体不再与他人产生应有的联系，他的生活将是一种非常态的异样状态。他会忽略所有应尽的责任，对于自然界为每个个体所规定的任务则会视而不见。在所有的邪恶之物中，没有哪一种可以像虚荣一样产生如此剧烈的危害，严重阻碍个体的正常发展。虚荣的人在对待所有事情和周围的伙伴时，首先关注的不是事物或人本身，而是："我能够从这件事中得到什么好处？"

很多人在描述虚荣或傲慢的态度时，经常喜欢运用一个非常冠冕堂皇的词语，即"雄心"，而这样做的目的无非是想进行自我安慰。我们可以听到很多人充满骄傲地向周围的人宣告他们心中怀有怎样的雄心壮志！同样的道理，虚荣的替代词还包括"乐观上进"和"活力四射"。在他们看来，似乎只有证明自己拥有旺盛的精力，才能说明他们是对社会有用的人，而周围的人自然而然应该认可他们的存在价值。然而，更常见的规则是：类似于"进取""精力""活力""勤奋"这样的词语，其实都是在试图掩饰虚荣的本质。

虚荣对于个体发展的反作用力，很快就会得到证实。我们经常可以发现，由于一个人过于虚荣，因而影响了他人的发展，这不难理解，那些没办法满足自身虚荣心理的人，总是会竭尽全力地破坏他人的发展，导致他人也无法达到自己的目标。一些正在处于萌芽时期的孩童，倘若受到了虚荣心的控制，则会试图在各种危险的情景下显示自身勇敢的特性，他们总是在相对弱小的孩童面前展现自己如何强壮。比如说，他们会对动物做出一些非常残忍的事情。一些孩子因为受到刺激而感到沮丧，为了满足自身的虚荣心，他们常常会在一些鸡毛蒜皮的小事上做文章。对于工作，他们总是采取逃避的消极态度，却用一些旁门左道的方式试图让自己的情绪占据有利位置，于是他们用这样的方式来显示自己的英雄气概，以便让周围的人觉得他们是重要的角色。典型的例子就是我们周围那些经常抱怨生活不公、命运悲惨的人们，他们就是我们所说的这种人。他们普遍拥有这样的心理：他们总是希望我们明白，假如他们受到更好的教育，或在他们身上并没有发生那么多糟糕的事情，那么，现在的他们将是英雄人物，或者是领袖。对于他们没有走向生活的正轨这件事，他们总能找到申辩的说辞，他们经常为自己勾画出完美的梦境，来满足自己那点儿可怜的虚荣心。

一般情况下，我们是很难与这样的人和平共处的，因为我们找不到合适的方式去评估或批评他们。一个虚荣心很强的人，总可以轻而易举地将所有的错误都归咎到别人身上。在他们看来，自己是不会出现错误的，而别人则相反。可是，在我们的生活中，谁对谁错又有什么现实意义呢？我们所看重的是一个人在努力后所获得的成果及这个人对于别人起到什么重要的作用。然而，虚荣心强的人总是习惯于抱怨生活、为自己辩解，他们不会将注意力放在为他人做贡献上来。在此，我们的研究对象是虚荣之人所运用的各种各样的伎俩，以及他们千方百计追寻自身优越感并且让这些虚荣合情合理存在于世的期望。

对于以上的观点，很多人也提出了不同观点，他们认为，如果没有雄心，人类就会停滞不前，那么，任何伟大的成就都会变成幻想。其实，这个观点并不正确，因为他们所站的角度是错误的，所以才会得出这个错误结论。因为，世界上不存在完全没有半点虚荣心的个体，每个人都或多或少地具有虚荣心。然而，人类之所以存在各种对社会有利的方面，并不是因为虚荣心的存在，同样，虚荣心也不是人类完成伟大成就的源动力。想要取得这些成就，需要具备一定的社会感。天才的作品中倘若不含有任何社会意义，就不会具有任何价值。一个天才，在创造的过程中，无论他的虚荣是以怎样的形式存在，虚荣都只会贬低作品的价值，甚至对其创造产生阻碍作用。因此，虚荣对于一件真正意义上的佳品，并不会产生多大的影响。

可是，在当今社会这个大环境中，如果想要完全剔除自身的虚荣心，那是不现实的，也是不可能实现的。对于我们来说，只要意识到这一点，就拥有了一笔巨大的财富。因为这样的意识触碰到当代文明的核心之处，才引发了一些人遭受灾难的侵害。这些人是让人同情的，因为他们无法和他人友好地相处，他们对生活感到不适应，他们的所作所为都仅有一个目的，那就是让自己看上去比实际上要好一些。我们不难理解，他们很容易经常与人发生冲突，因为他们只对自己在别人心中的印象感兴趣。仔细研究我们所能遇到的复杂状况，我们发现，正是因为很多人无法用正确的途径满足自身的虚荣心，于是在他们的生活中就会出现障碍。如果我们想要透彻地分析出一种复杂人格的主要特点，我们所需要掌握的最关键的技巧就是以上的方法，因为这样做可以帮助我们看清虚荣心的程度、虚荣心所引发的行为的方向，同时，我们也可以通过以上努力来影响个体为了满足虚荣心而使用的手段。当我们掌握这样的方法时，总能够分析出虚荣心会给社会带来什么样的消极影响。我们不能将虚荣心和对周围人的感受简单地混为一谈。这两种性格特征是完全没有交集的，因为具有强烈虚荣心的人是不会自动向社会规则做出妥协的。

虚荣心导致的结果就隐含在其自身当中。对于公共生活的反抗性行为经常会威胁到虚荣心的发展。我们就算有三头六臂也无法凌驾于社会和公共生活之上。所以，在虚荣心发展的最初阶段，它经常是将自己伪装起来，以一种更加迂回的方式来达到既定目标。虚荣心强的人通常都是严重的怀疑主义者，他们对自己是否可以满足自己的虚荣心所持的是怀疑的态度。时间就在他们沉思或发呆的时候悄然逝去。可是，就在时间匆匆流逝的同时，虚荣心强的个体就会开始狡辩，说自己是因为缺少机会，所以无法展示自己的才能。

在一般性实验中，事情往往会发展成这样：具有强烈虚荣心的个体通常会通过一些非常手段来获取特殊的利益，以便达到远离现实的目的。他们常常表现得鹤立鸡群，用观望的态度去对待周围的人，在他们的行为中带有明显的不信任，他们会将周围的人统统看作是假想敌。一般来说，虚荣的人会将自己放在一种假设的防御或反击的境地中。我们总是能看出他们所表现出的怀疑态度，他们的焦点常常集中在原本清晰而重要的事件上。他们会通过思索变得自以为是。可是，机会就在他们努力思考的时候悄悄溜走了，于是他们失去了和社会的关联，并开始逃避自然交给我们的工作。

倘若对他们的行为进行认真观察，我们就可以发现他们身上有虚荣心的影子，他们心中总是有一种强烈的欲望，试图征服每一个人，试图在每件事上都取得胜利，而这些欲望的表现形式则是多种多样的。如果仔细观察就可以发现，这样的虚荣心在他们的行为、语气、衣着中都是呼之欲出的。总而言之，只要是可以表现在外面的地方，我们都能够找到虚荣心的影子。在这一点上，倘若一个个体想要获取足够的虚荣感，他就没有别的路可以选。而这样的行为并不能让人产生快乐的感觉，只要是一个聪明的个体，他就会意识到自己与所处的社会环境之间存在着很大的差距，而这些差距让他企图用各种方式来掩饰虚荣的行径。所以，我们不难发觉，一个人看上去非常谦逊，其实是想给周围的人传达一种错误的信号，那就是：他们不是虚荣的人!有这样一个故事：当苏格拉底面对一个身穿破旧衣衫的演说家时，他说道：“来自雅典的小伙子，你有没有发现，你衣服上的每一个孔都向外散发着虚荣的气息？”

当然，有些人对于他们并不虚荣这一点深信不疑。他们也明白，虚荣心是隐藏在一个人心底最深处的，然而，他们依旧仅仅依靠外表来做出判断。比如说，有些时候，表现虚荣的方式可以是这样的：有些人总是希望自己能够在所处的环境中占有重要的位置，甚至整个舞台都将被他占据，对他而言，一场社交活动是否有意义，在于这样的舞台可以带给他多大的权力。然而，上述类型的人在日常生活中总是和社会脱节，并且尽量地避免和社会产生交集。他们可以用很多方法来体现自己对社会的排斥。比如说迟到、从来不接受任何人的邀请或在接受邀请前迫使主人对他表示赞赏等，这些都是虚荣的外在表现形式。另外，一些特殊的个体只在他们所能接受的特定的情况下才会与社会进行接触，并且表现得异常孤傲，这其实也是在表现他们的虚荣心。他们自认为这样与众不同的表现会受到周围人的夸赞。与此相反，另外一些人则是希望通过与社会进行频繁的接触，通过各种聚会来满足他们的虚荣心。

我们不能忽略这些看似细小而无足轻重的细枝末节，实际上，它们是生长在心灵最深处的。倘若这些无法引起一个人的罪恶感，那么，我们可以确定，在这个人的心中并不存在社会感，他很容易变成破坏社会规则的人，而不是对社会有利的个体。只有通过一个作家丰富的语言能力才能将这样的情况描述清楚。而我们所阐述的仅仅是最基本、最单纯的外在表象。

在所有的虚荣者身上，我们都可以看到一个明显的动机，这说明，这些人试图创造出一个不切实际的目标。比如说，一个虚荣心极强的人会将战胜所有个体作为自己的终极目标，而引发这个目标的原因就是他的贪婪。我们可以进行推测，所有虚荣心强的人，在自我价值定位方面都显得很茫然。或许有一些人会在产生强烈不满足感的时候意识到那是虚荣心在作怪，可是，倘若他们无法正确地对待这样的意识，便无法产生对他们有利的结果。

虚荣心在很早的时候就产生了。因为虚荣心中总是饱含着一些非常幼稚的因素，因此，那些虚荣心极强的人总会让人觉得不够成熟。那些对虚荣心发展起到影响作用的因素并不是静止不动的，而是时刻变化着的。教育的缺失会导致一些孩童存在被忽视的感觉，因为在他们的思想中，自己的渺小就是一种非常恐怖的因素，无时无刻不对他们造成困扰。而另外一些孩子则是因为所处的家庭环境比较优越，因此养成了傲慢的习惯，我们可以确定的是，在他父母身上，我们一样可以找到这种“贵族气质”，在人群中，他们总是显得与其他人格格不人，并且自我感觉非常良好。

可是，当一个人存在这种意识的时候，他们会产生一些微妙的感觉：自己天生就是与众不同的，自己所处的家庭比起其他家庭，是存在明显优势的，这个家庭中的品位和鉴赏力都比其他家庭略胜一筹，因此，家庭成员的血统都是高贵的，自然也应该拥有一些特权。在这种对特权的渴望中，他们确立了自己的努力目标和发展方向，同时也确定了自己的行为方式。因为这样的人在生活中总是无法得到顺利发展，并且，同类人之间会互相嘲讽和竞争，因此，这个群体中的很多人渐渐变得怯懦，更多的是过着隐居的生活，显得非常古怪。倘若给他们一个不需要负任何责任的环境，他们就会继续自我催眠，并且对自己的信念深信不疑：假如事情发生改变，他们是可以达到既定目标的。

有时候，我们可以在这样的人中发现一些已经非常有能力的人。如果用天平作为衡量工具，在某种程度上说，他们是非常有价值的。然而，他们往往会因为自我催眠而将才能用到不恰当的地方。他们总是提出一些社会无法接受的条件。比如说，在时间的利用上，他们所期望的就是社会无法满足的。他们希望在同一时间去做不同的事情，或者试图学习一种技能，或是已经掌握了一些信息。同时，他们在自我辩护时总是按照自己的想法，用这样的形式来评论别人的所作所为。他们的期望总是因为一些细小的事而无法得到满足。比如说，他们会提出这样的想法：假如男人具有更多的男性特征，抑或是女人并不是现在的样子，那么，一切都将向着好的方向发展。这些想法就算是再好，也是不现实的。所以，我们可以这样说：他们所做的辩驳只是一种懒惰的借口，这些问题就像是一团迷雾，让人摸不清头绪，也来不及估计匆匆流逝的时间。

他们心中存在很多敌意，他们不但不把别人的痛苦放在眼里，甚至还会从中获得满足感。拉·罗什福柯是一位研究人性的伟大学者，他在提及人类时说道："人类总觉得他人的苦难是不值一提的。"对社会的敌意通常会表现为一种尖刻的、批判的态度。这些社会的敌人永远都对整个世界做出斥责、批判、嘲笑和谴责。任何事物都不会让他们感到满意。然而谴责却是无力的！每个人都应该扪心自问："我为他人做出过什么贡献？"

虚荣的人喜欢用技巧来控制他人、诋毁他人。对此，我们不必奇怪，他们在这方面是颇具经验的，因为在这方面，他们有过特别的实践和经验。他们一般有很高的智商，他们机敏、反应迅速、引人关注。以此来伤害他人的人就像喜欢讽刺的人一样，他们用讽刺来伤害他人。

通过他们伤害他人的方式，我们可以看出他们的性格特征，也就是我们所谓的贬低情结。我们可以从中看到虚伪者的攻击点，他们通过贬损别人来使自己获得满足。承认他人的价值就是对他们的污蔑。仅从这样的事实中，我们就可以得出这样的结论：对虚荣的人来说，其人格中蕴含着深深的不满足感和虚弱感。

因为我们谁都不可避免地会存在这种性格特征，所以我们应该进行自我评价和改进，虽然这并不是一个短期内可以达到的目标。可是，如果我们不去防止自身受到危险和偏见的不良影响，我们就不能取得任何进步。我们不希望鹤立鸡群，同样，我们也不希望别人与众不同。然而，我们可以感受得到，在自然法则下，我们需要同伴的帮助和配合，我们需要与同伴进行合作。在一个合作共赢的时代中，追求个人的虚荣心已经失去其意义。而虚伪的人也会显得特别愚蠢，因为我们每天会看到因此而失败的人。或许，这样的人会让人心生怜悯之情。这是个反对虚荣的时代。如果说我们必须虚荣的话，也要找到一个更好的方式，来达到共赢的目的。

下面我们用例子来分析虚荣的驱动力。一个在家中排行老小的年轻女人，从小就被溺爱。母亲对她有求必应。而她的要求也渐渐让人瞠目。一天，她发觉在她生病时母亲对她非常好，所以，她懂得利用疾病来达到目的。很快，她适应了疾病的状态，她并不会因为生病而不快乐。很快，她可以轻而易举地就让自己生病。当她想要得到什么的时候，就用这个方法。不幸的是，她的欲望是无止境的，最后，她居然得了慢性病。这种现象在儿童或成人中是经常发生的，他们常常利用疾病来获得更多的权力和更好的待遇。我们必须承认，那些敏感的人很有可能通过这样的方式达到自己的愿望。当然，也只有这样的人才会使用这样的方式，因为他们体会到了别人对其健康情况的特别关注。

我们将个体对事情或情景的认同能力称为移情作用。比如说当我们做梦的时候，就感觉梦境是真实的。当上述个体将一种方式假设为获得权力的途径时，就可以轻易地产生疾病。他们很聪明，没有人能够对他们提出反驳。我们都明白，当我们认同一种情景时，就可以产生犹如真实情况的效果。比如一个人想吐，或感到焦虑，他们就会真的出现恶心的状况。一般来说，他们实现这些情景的方式会暴露他们的目的。比如：当事人说她感到恐慌：“我随时会中风。”一些人可以清楚地表述一件事，并且真的会发生，而别人也无法反驳。当然，这样的人会用相应的症状去控制周围的环境和个体，以此来达到目的。之后，周围的人一定会给予他特殊的照顾和关心。每个人的疾病都是对周围人的考验。这些手段被当事者利用，以此来获得权力。

这些情况显然是与社会规则相对立的，因为社会和生活规则需要我们关心同伴。显然，这些当事人并不能体会到同伴的疾苦。在他们眼中，不以伤害人为基础的权力是不存在的，他们也不想帮助同伴。有时，倘若将其教育和文化优势调动起来，或许他们会成功；然而，最常见的是他们对同伴的关心只是浮于表面，其实他们是很自私，很虚荣的。

当然，对于上文中提到的当事人，这些都是事实。她仿佛一直很关心同伴。如果母亲晚送了半小时的饭，她就会很着急。或许她会让丈夫去看看母亲怎么样了。于是，母亲就养成了按时送饭的习惯。在她丈夫身上同样是这种状况。他是商人，因此要关心合作伙伴和顾客。可是，每当他回家稍晚一点，妻子就会显得十分焦虑，甚至浑身发抖，并对他不停地抱怨。她的丈夫也只能按时回家。

很多人反驳道："这个妇女并没有从中获利。而这些也并不能称其为成功。"其实，这仅仅是一部分现象，她的疾病只是一种危险的标志，是各种关系的缩影。她通过各种技巧来支配周围的人。当她从中获得满足感时，都是虚荣心在作怪。我们可以想象她所做出的努力。如果我们看到了她为了达到目的而付出的代价，我们就会发现，她的行为和努力是必要的，她的生活不再平静，除非周围的人都受她控制，可是，丈夫按时回家只是婚姻中的一部分。这个女人强迫性地束缚了很多关系，她用焦虑来巩固自己的命令。表面上她在关心家人，其实是为了让大家听她的话。因此，她的关心只是一种伎俩而已。

我们很容易发现，当个体的精神发展达到一定程度，对他们来说，意志的实现比欲望更重要。让我们来看一个女孩的案例，在她6岁的时候，她的自我膨胀程度已经达到了极致，她只关注于自己想法的实现。而且，很多想法都是偶然出现在她脑海中的。她表现出极为强大的控制欲望，希望征服周围所有的同伴，获得更大的权力。而这些想法都一一被她实现了。她的母亲很爱她，有一次，母亲想要用小点心来哄她开心，并对女孩说："这是你最爱吃的点心。"而她却将盘子摔了，还用脚去踩点心，哭着说："我现在不需要它，我什么时候想吃了你再拿给我。"还有一次，母亲问女孩想喝咖啡还是牛奶，她却说道："如果你说牛奶，我就要咖啡；如果你说咖啡，我就要牛奶。"

这个孩子坦白说出了自己的想法，然而，很多同类的孩子并不知道自己想要什么。也许，这在儿童中是很常见的。并且，他们会很努力地达到自己的愿望，虽然可能没有收获，甚至会让事情变得更加糟糕。一般来讲，这些儿童都是被宠坏的。我们在现实生活中经常可以看到这样的孩子。最终，我们会发现在成年人中，自私的人比愿意帮助他人的人要多很多。有些人一直虚荣地生活着，完全不接受他人的任何建议。虽然这些建议都会指引他们找到更多的幸福。他们常常在别人表达意愿的时候打断他人，并提出反对意见。并且，有些人甚至达到一种令人费解的程度，在想表示赞同的时候依旧会提出反对意见。

我行我素的行为只有在家庭的小范围内才会出现，并且不是绝对的。在我们周围会有一些能够与身边的人友善相处并达成共识的人。可是，这样的关系并不稳固，会很快破裂。因为生活的本质是联合，而人类是群居动物，所以，这样的人是会受欢迎的。然而，一旦达到目的，他们就会原形毕露。很多人将自己的交往范围缩小到家庭圈子中。我的病人就是这样。因为她性格好，所以受到外界的欢迎。可是，她不会在外面停留太久。她为自己回家找到很多借口。如果她去参加晚会，她就会用头痛作为理由（因为在外面她无法我行我素）。因为除非是在家里，否则她一般无法达到自己的目的，无法获得满足感，因此，她总是想要回家。最后，这种倾向越来越明显，只要处于陌生环境，她就很焦虑。最后，她连剧院也不能去，不能到街上，因为在这些地方，她找不到满足感。她想要的感觉只能在家中才可以找到，而不是在大街上。结果，她宣称不再出现在家庭之外的任何场合，除非有家人的陪伴。她希望自己被人簇拥着，而这样的心态正是在童年时期形成的。

她在家中最小、最弱，也最容易生病。因此，她需要更多的关爱。她喜欢这种感觉，并尽量去维持它。可是，她的生活却被扰乱了，她的不安和焦躁是显而易见的。这说明，她是在逃避问题。这并不是最好的方式，因为她不愿意承认事实，最终这个问题也无法得到解决。她会很痛苦，最终向医生求助。

如今，让我们分析一下她的生活结构，这是她经过多年的积累而逐渐构建起来的。她需要放下所有的防备和抵制，因为她并没打算改变什么，虽然她在寻求帮助。她其实是想获得像之前一样的待遇，而不是被迫走上大街。可是，并不是所有的愿望都可以实现的。她自己画地为牢，只希望达到自己的期望，却不希望暴露自己的缺点。

由此可见，当虚荣膨胀到一定程度的时候，就会成为一种负担，在这种负担的重压之下一个人会停滞不前，最终甚至会自我毁灭。如果病人依旧将注意力放在自我的愿望上，就无法看清事实。因此，很多人误认为自己的虚荣心是有意义的，因为他们不明白，这样的性格特点会让人烦躁，让人失去平静。

为了更好地证明这个结论，我们再看一个案例。一个25岁的青年即将参加期末考试。可是，由于他对课程一点也不感兴趣，所以并没有用心。同时，他开始妄自菲薄，贬低自己，并且最终无法参加考试。童年时的他对父母充满了怨恨，父母并不了解他，这对他产生了很大的负面影响。因此，他会认为所有人都没有价值，并且试图将自己与外界隔离。

这是虚荣心在作怪，他逃避现实，尽量避免所有可以测试他能力的机会。如今，在考试前，他被这样的思想折磨着，最终无法参加考试。所有这一切对他来说都是很重要的，因为如果因其他原因无法获得好成绩，他的自我意识或价值感就可以获得挽救。他像是为自己寻找了一个保护神。在它的庇护下，他不会有危险，他以此来自我催眠，觉得因为疾病已经注定了他拙劣的生活现状。从他避免考试的行为中，我们发现了虚荣的潜在形式。它驱使人在面对重要情景时选择逃避。他会想象自己失败后失去一切的情景，其实，他明白那些不自信的人无法做出抉择的秘密。

我的病人就是这样的情况。其实，他对自我的认知也证明了这一事实。每当需要抉择的时候，他就会突然变得虚弱。假如我们对于运动或行为模式情有独钟的话，这样的状况表明他们想要停下来，不想前进。

他在家中排行老大，而且是家中的独子。他还有四个妹妹，在家中，唯一有资格上学的人就是他了。可以说，他是家中的顶梁柱，所有人都对他寄予厚望。父亲总喜欢想方设法激起他的欲望，并且耐心地引导他，让他意识到自己是可以做成大事的。因此，他比起其他人，更加有野心和抱负，他心中存在高远的志向。而如今，由于受到焦虑情绪的干扰，他开始怀疑自己的能力。虚荣心就像是他的救星，让他找到了退路。

我们可以看到，在虚荣心膨胀的过程中，是什么阻碍了成功的步伐。社会感和虚荣心之间存在根本的矛盾，这对当事人来说，是最大的干扰。虽然如此，我们依然可以观察到，这类人从童年开始就已经将社会感抛弃，试图过与世隔绝的生活，单枪匹马地去寻找自己的梦想。可是，他们不会找到想要的东西的。所以，他们会抱怨现实的不公。这就是这类人的结局。他们总是想利用技巧来获取权力，并向他人证明自己的正确性。对他而言，这是很有意义的，他自认为自己可以向他人证明自己的英明。然而，他人对此并不会接受，也不会在意。直到最后，虚荣的人依旧会相信自己胜利了。

这样的行为是廉价的，所有的人都可以推测出他希望出现什么样的情景。所以，在实践中，情况往往是这样的：一个原本具备学习能力和智慧的个体，或者说他可以通过考试证明自己，却因为一些错误的观念而缺乏自信。他将现实看得太过残酷，因此，认为自己处于高度危险当中。因此，他会变得紧张和焦虑。

在他看来，所有的一切都是毫无意义的，他会用自己是否赢得胜利来估量谈话或语言是否有价值。这样的情况是持续存在的，最终这个虚荣而有野心的个体会带着错误的观念陷入新的困难中，并且会丧失所有的幸福。只有当一切都已成定局时，他才是幸福的。可是，当这些现实被忽略的时候，他所有通往幸福和成功的路也就都被阻塞了。而且，这件失败的事在别人看来是可以获得成功的。他完全有能力赢得他人的关注和敬佩，虽然他发现这是非常困难的。

假如他之前明明具备某一种优势，他会发现很多人以与他竞争为乐。这个问题无法根除。每个人都不会主动去承认他人的优点。因此，只剩下那些对自己做出错误判断的可怜人。当一个人处于这种状态时，他是无法和外界产生联系的，当然也不容易获得成功。没有人能取得这场战役的胜利。游戏者总是在毁灭和袭击中不断变换着角色。令他们痛苦的是一种在任何时候都要显示自己优秀的想法。

假如一个人的声望是通过为他人提供帮助而得来的，这就是另一种情形了。他的荣誉是自己得到的，并且，就算别人不承认也无关紧要。因此，当事人能够用淡然的态度来面对荣誉，因为他不会受到虚荣心的控制。最关键的就是自我主义是否强烈，及个人对自我提高的需求程度。虚荣的人总期待收获。如果将具有社会感的人和这类人进行对比，前者所坚持的是这样的原则："我可以做什么？"这就是二者在价值观和性格方面的明显区别。

总之，我们总结出一个很久以来为人所理解的结论。对此，可以用《圣经》中一句著名的诗来表达：给予会比接受得到更多的祝福（It is morebles sed to give than to receive）。假如我们仔细分析这句话的含义就会发现，它指的是一种注重付出的观念。也就是说，一个人要懂得付出、帮助或服务，个体会从这种行动中获得相应的精神补偿，就像懂得付出的人能够得到来自精神方面的恩赐。

此外，一味索取的人总是不知足的，他们会以幸福为借口，不断索取想要拥有的物品。这样的人从来不会关心他人的需求，并且，他们会幸灾乐祸，他的头脑中压根就没有和睦共处或友爱互助这些字眼。他希望别人受他的管辖和控制。他所期望的天堂是与现实相反的。他的观念也是与众不同的。总而言之，他的自负和其性格一样让人无法接受。

在其他人身上，虚荣的表现形式也是多种多样的。他们穿着奇装异服，或是让人感觉高高在上，他们会将自己弄得像猴子一样，竭力给他人留下勇敢的印象，他们就像原始人一样，自我意识膨胀，甚至想要在头上插上另类的羽毛来使自己显得与众不同。很多人通过华丽的衣着来满足自我的虚荣心。他们总会点缀着很多饰品，如同交战双方的武器一样纷繁复杂，他们想凭借这些武器吓跑敌人。有时，他们的虚荣心还会通过色情符号或让人感觉轻浮的文身来表现。综上所述，我们可以得出这样的结论：虽然是用卑贱的手段做代价，但依旧无法掩盖他们的目的：获得他人的注意。或许，这样的做法会让有些人感到优越感，而其他人则是在体现出残酷、孤独感的时候才有这样的体会。其实，这样的个体比起有不良习性的人更加脆弱，他们只是用残酷来伪装自己罢了。尤其是在男人中，他们看似渴望情感，其实却缺乏社会感。被虚荣心控制，并希望他人遭遇困难的人，会拒绝所有要求他们提供更多情感的建议。这些提议会让他们变得更固执。比如说，父母想获得孩子的理解，而孩子却从父母的悲伤中获得满足感。

我们已经发现，虚荣的人喜欢伪装自己，希望先抓住他人虚荣的把柄，并控制他们。所以，我们不要被一个人所表现出来的友善而欺骗。我们要随时将他们看作是不友好的攻击者。其实，他们渴望权力，并极力保护自己。这样的人总会在战争的初期想方设法地让对手放松警惕。因此，在第一阶段，人们会认为攻击者具有强烈的社会感。而在接下来的阶段，攻击者露出了本性，我们会看得更为清楚。我们会失望，会认为他们是双面的，然而，他们的本质只有一个，也是不会变的，他们与人的交往最终会以失败而告终。

如果说这样的技巧继续发展，就会类似于抓灵魂的游戏。显然，在参与过程中需要全身心地投入才有成功的可能。这些人一直强调仁爱，并且貌似是在活动中表现出了对同胞的关切。可是，这些一般都是暴露在大庭广众之下的。所以，了解人性的个体就会小心翼翼。一名来自意大利的心理学家说道："当一个人表现出极端性的理想状态或当一个人的仁爱行为太过张扬时，我们就开始对他产生怀疑了。"当然，对此我们可以保留意见，然而，我们都承认这是正确的。总之，对这样的人，我们可以轻易地进行识别。我们讨厌奉承的人，他们会让人不舒服，并且大家都会提防这样的人。我们希望这类人可以停止这些行径，转而用温和的方式来解决问题。

在本书的第一部分中，我们已经掌握了哪些状况可以导致正常精神发展走向扭曲。站在教育的立场上，在这些实例中，容易出现困难的环节往往都在我们所探讨的对周围环境存在攻击性心理的孩子身上。

虽然教师明白自己的使命，这样的使命是贯穿于他们的整个活动的，可是，他们无法让儿童体会到这些逻辑。如果想要达成目的，唯一能做的就是确保孩子不会对环境产生攻击性心理。我们要尽一切可能将孩子作为教育的主体，而不是教育的客体，就当孩子是与老师处于同等层面的成年人。这样的话，孩子就不会感觉受到压迫或冷落，或是受到来自于老师的威胁和挑战。从事实来看，我们的文化中存在错误的野心，这会让我们的行为、思想、性格都受到影响，不能自由地发展。个体在其中会觉得深受困扰，这样，会导致人格上的挫折，甚至完全的崩溃。

颇具特色的是，我们往往是从童话中来了解人性的。其中蕴含着很多会引发我们虚荣心的危险例子。让我们回忆一个童话故事，在这个童话中，我们可以看到虚荣心膨胀后是如何毁灭一个人的。这个故事就是汉斯·安徒生的童话《渔夫和金鱼的故事》。有一个渔夫抓住了一条金鱼，但将它放生了。这条金鱼非常感激他，承诺帮渔夫实现一个愿望。于是渔夫的愿望得到了满足。然而，渔夫的妻子是一个贪得无厌、充满野心的人，她希望渔夫能向金鱼要求更多的回报，比如将她变成女公爵，然后变成女王，最后变成上帝！她一次又一次地要求渔夫把她的愿望告诉金鱼，然而，金鱼被这样无礼的要求激怒了，永远地抛下了他们。

虚荣心和野心是无限的。在这个故事中，从这个虚荣心强的人物身上，我们可以看出她对权力的需求是强烈的，以至于想要做上帝（这是一个最严重的例子），或者说，她的行为就好像仅仅次于上帝一样。或者，她所表现出的雄心，只有上帝才会具备。这种对上帝角色的憧憬，是一种虚荣心的极度膨胀，而这样的期望会超越他人的承受能力。

在我们的生活中，这样的例子很多。很多人都沉浸在心灵研究、招魂术、心灵感应等项目中。他们对自己拥有的一切并不满足，他们希望自己具备别人所不具备的能力，希望打破空间和时间的束缚，可以和死去的亡魂进行沟通。

假如我们进行深入的研究，就会发现，有很多人想拥有上帝般的权威。也有很多学校是以充当上帝为理想目标的。这在以前确实是宗教的一贯理想。这些行为的后果都是惨烈的。如今，我们所追求的理想必定是理性的。然而，这些思想已经在人类文明中根深蒂固了。除了心理上的因素，另一个原因是，很多人是从《圣经》中获得这些观念的。《圣经》中提到：上帝在制造人的过程中是根据自己心中的标准来进行的。我们可以想象，这样的思想会在儿童心中留下多么大的消极影响。的确，当一个人的思想确立后，这部书确实很伟大，也值得拜读。然而，我们必须阻止儿童受到它的影响，至少不要让儿童全盘接受，这样，儿童还会对现有生活感到满足，而不是试图寻找超能力，并且想要控制同伴，表面上看，这是因为它就是上帝特意创造的一种形象！

神话乌托邦中的理想与这种充当上帝的欲求是紧密关联的，每个梦想在那儿都变成了现实。对于这样的神话图景，儿童却很少指望其都变成现实。但是，儿童不断表现出来的对魔力的兴趣若被我们注意到，那么，我们对“儿童是多么容易受诱惑”这一点就不能产生怀疑了，所以，他们极容易使自己沉溺于诸如此类的幻想之中。在有些人身上我们会发现，他们直到老态龙钟了，依旧痴心不改于用魔力影响他人这一观念，并且仍会达到一种非常强烈的程度。

好漂亮的一
条金鱼
求求你放了我，
我答应实现你一
个愿望

在《渔夫和金鱼的故事》中贪得无厌的渔夫最终因为自己的虚荣与欲望变得一无所有。欲望与贪婪必须节制有度，适可而止。

大概在这一点上，这样的思想几乎是所有人都有的：在迷信的感受中，女人对男人产生的影响是具有魔力的。我们发现，许多男人的行为，与他们受到性伙伴魔力一般的影响几乎一样。我们就是被这种迷信，带回到较之于我们今天更加坚定地坚持这种信念的年代的。一个女人，在那些年代里，被人找个借口说成是巫婆或术士的危险随时都有，这是一种偏见，像噩梦一样笼罩着整个欧洲，欧洲数十年的历史在一定程度上都由它决定了。假若人们回忆起“上百万的人成了这种幻想的牺牲品”，那么，所谓的无害的错误就是人们不再能够简单地谈论的了，而必须把这种迷信的影响与宗教法庭的恐怖或世界大战进行比较。

在对充当上帝的追求的痕迹中，也可以发现通过对宗教满足的渴求的误用，来达到虚荣心的满足。我们必须要留意，对个体来说它可能是多么重要，这已经对个体造成了心灵的创伤，离群索居的他，从事于和上帝的个人对话！这是种把他自己和上帝想得特别亲近的个体，而由于礼拜者虔诚的祈祷和纯正的宗教仪式，故而上帝对礼拜者的幸福的亲自关心，也会是责无旁贷的。与真正的宗教的距离，这样的宗教欺骗通常离得很遥远，因此，纯粹的精神功能障碍是它给我们的印象。

我们曾经听到一个人说，他若想入睡，就只有做一些具体的祷告才行，原因是，一旦他未将这种祷告传达到天堂上，不幸即会降临到其他某些地方的人身上。我们有必要对这种叙述作否定的推论，并做出解释，为的是理解这种脆弱的吹肥皂泡的整个过程。在这种例子里，或许会有这样的主张，“他会在我祈祷的情况下不受任何伤害”。人们能够轻而易举地获得魔力的伟大感的方法即是如此：在某一特定的时间，通过这种微不足道的把戏，另一个人生活中的不幸，或许真的能因这个人而转向。超出人的限度之外的与此类似的活动，我们能在这样的宗教个体的白日梦中发现。空洞的姿态和勇敢的行为，是这些白日梦所揭示的，虽然事情的本质是其不能真正改变的，但在白日梦的想象中，却可以非常成功地妨碍个体与现实之间的接触。

金钱在我们的文明中，似乎是唯一具有魔力的事物。绝大多数人都会相信，任何你想做的事情，只要在你有了金钱的情况下，你都可以去做。所以，并不奇怪，他们的野心和虚荣心对金钱和财富是情有独钟的。如今，我们可以理解他们无止境地对世界财富的追求。对我们而言，看起来这几乎是病态的。虚荣的又一种形式即是如此，它通过财富的不断积累而产生出某种类似于魔法的力量。这种人是极为富有的人，应该说，他已经是相当富有了，然而，不断地追求钱财仍是他继续做的，在“妄想症”开始出现在他身上时，他承认，“不错，你知道它（金钱）具有一次又一次不断地引诱我的力量！”这一点，这个人能理解，不过，这一点却有许多人不敢理解。今天，权力与金钱和财富密切相连，它们彼此联姻，同时，对金钱和财富的追求，在我们的文明中看起来又是如此自然，以至于没有人会注意到，许多个体的虚荣心，是激发他们自己除了追求金钱而别无所求的力量。

最后，我们用另一个实例来进行说明，我们先前已经讨论过的每一个方面，都会得到这个实例的证明，此外，虚荣心扮演着重要角色的另一现象，也是它会让我们了解的，即过失犯罪的情况。这是一个涉及姐弟俩的例子。姐姐以特别的才能而闻名，可弟弟的才能却不佳。弟弟最后放弃了比赛，因为其不再能够坚持竞争了。尽管他前进道路上的障碍是每个人都企图扫清的，可他还是被推到了背景中。并且，沉重的负担加载在他身上，这等于承认他是无能的。人们自他童年早期开始，就已教会了他，他的姐姐总能轻而易举地克服对于生活的障碍，所以，只有微不足道的小事才适宜他做。如此，因为他姐姐拥有较好的地位，所以，他有着实际上并不存在的一种缺陷，人们对此也是笃信不疑。

他就是承载着这样的沉重负担来到学校的。他是一个具有悲观倾向的儿童，“不惜一切代价避免发现和承认他自己的无能”是他所发现的事业。随着年龄的增长，在他的内心产生了不愿被迫去扮演愚蠢男孩的角色的愿望，他希望别人能像看待成人一样看待他。对于成人的社交活动，他14岁的时候便已经常常参加，然而，他总是有芒刺在背之感，这是他那深深的自卑感使然，这迫使他开始思考，对于“已经长大成人的绅士角色”，他应该如何去扮演。

有一天，他走进了此后经常光顾的地方——妓院。慢慢地，他开始对妓女产生了兴趣，因而他不得不花钱。而与此同时，因为他有着强烈的扮演成人角色的欲望，所以不愿向他的父亲讨钱花，于是，偷他父亲的存款开始成了他在必要时的行为。对“偷窃会有痛苦”这一点，他根本没有任何其他感受，他已经把“某种方式的成人”当成了他自己，而这个成人就是他想象中的“他父亲的财务会计”。

这种情形一直持续着，直到有一天，在学校中的严重失败降临到他身上，他因此而感到了严重的威胁。他从来都不敢公开他无能的证据，即留级。此时，发生了下述事件：悔恨和良心的痛苦突然击中了他，他的学习也因这悲伤而被扰乱了。然而，他的情形因这种把戏而获得了改观。原因在于，现在，他若是失败了，对于外界来说，他将可以找到一个借口：他的悔恨深深地折磨着他，所以，在学习中，处在相似情形下的别人也会同他一样的失败。另外，他的学习也因注意力分散而受到了阻碍，因为他不得不去思考别的事情。他以这种方式度过了白天，而带着他已经试图学习的意识，在夜晚来临时睡去，即便他事实上是那种不肯在学习上花一点精力的人。这之后发生的事，也在他坚持他自己的角色时提供了帮助。

早上他被迫提早一小时起床。结果，他昏昏欲睡、有气无力，每天都是如此，并且全神贯注地学习是无论如何也不能做到的。对于他和他的姐姐竞争这一点，是人们自然不能要求的！此时，出错的并不是他的能力，而是随之而来的悲惨的现象，即他因悔恨和良心的痛苦而倍受煎熬。最后，他全面武装，在他的身上已经不会再发生什么了。如果他失败了，这里面也不会存在掩饰罪过的情形，“无能”也不会成为任何人对他的评价。如果他取得了成功，那么这就是无人能够否认他的能力的证据。

当我们目睹诸如此类的把戏时，我们可以肯定的是，这把戏是虚荣心所造成的。我们在这个例子里能够看到，如果要想避免“一种声称的而实际上并不存在的无能”，某个人甚至会有过失犯罪的危险。由于野心和虚荣心的作用，就产生了生活中的这种混乱和偏离的情况。一个人生活中所有的坦白直率、真正的愉快和真正的欢乐及幸福，都被它们剥夺了。通过进一步的观察和研究我们发现，仅是一种愚蠢的错误导致了这一切!

（二）忌恨

忌恨，是一种有趣的性格特征，其出现的频率特别高。爱情关系中存在的忌恨并非忌恨的全部，在所有别的关系中可以发现的忌恨，也是它的一种延伸。所以我们发现，在童年期的在一种要超越别人的企图中，儿童的忌恨就会不断发展起来，而这些也是同样能发展起野心的儿童，同时，他们对世界的好战态度，也因这两种同时存在的性格特征而得到证实。野心的姐妹花——忌恨，来源于受忽视的感觉和受歧视的意识，这是一种可以终生维持的性格特征。

在儿童中间，当他的一个弟弟或妹妹又降生到人世时，毫无例外地，忌恨几乎都会在他们内心中产生出来，父母会更多地注意新出生的弟弟或妹妹，致使年长的儿童觉得自己仿佛是那被废黜的国王。忌恨的程度会在这些儿童身上表现得很强烈，在年幼的弟弟妹妹出生以前，他们曾经生活在父母之爱的呵护下。对于这种感受能发展到怎样的程度，一个小女孩的事例就可以说明，她承认当她8岁的时候杀了3个人。

这个小女孩的进步非常迟缓，任何事情她都不做不了，因为她太虚弱了。结果，她发现在相对令人愉快的情形中也会有自己的身影。然而，在她6岁的时候，因为一个妹妹的到来，在突然间，她这种愉快的情形发生了改变。随之发生改变的还有她的心灵，甚至于，她带着残忍的仇恨迫害她的妹妹。对于她的行为，她的父母很不理解，于是很严厉地对待她，并企图要她对她的每一个错误行为负责。

有一天，在流经这户人家的小河里，人们发现了一个小女孩的尸体。没过多久，又有一个小女孩被淹死了，最后，人们抓住了这个把第三个小孩扔进水里的人，她就是我们的病人。她并不否认她是凶手，于是被送进精神病院接受观察，而且最后，疗养院成了她长期居住的地方，在那里她要接受更多的教育。

忌恨，甚至更容易产生于有多个兄弟姐妹的情形下。众所周知，一个女孩的命运，在我们的文明中并不会引起人们太多的关注。当她看见她降生于世的弟弟得到更热情的欢迎，有更多的照顾和关注围绕在他身旁，并得到各种各样好处的时候——这些好处是女孩不能享受到的，她就容易显得非常沮丧。

敌对，自然而然会因这样的关系而产生。但也有可能，一个姐姐会像母亲一样对待自己的弟弟，她会把自己的爱表现出来，可是，在心理学上，与第一个事例相比，这种需要并没有什么不同之处。一个姐姐倘若用母亲般的态度来对待弟弟妹妹，那么，她将重新获得一种为所欲为的权力地位，从这种危险的地位中，她能通过这种把戏而创造出一种有价值的技能。

通常情况下，家庭的忌恨导致了兄弟姐妹之间夸大了的竞争。当女孩感觉到被忽视，她就会促使自己拼命地去征服她的兄弟。最终，她会成功地超过她的兄弟，因为她更勤奋和努力，这其实也是非常常见的。但实际上，她得到了自然的帮助。在青春期，在心理和身体上，女孩的发展都快于男孩，即便在随后的几年中，这种差异会慢慢变得不明显，甚至消失。

忌恨的种类有很多。我们在不信任中、在潜伏于他人身边的准备中、在对同伴的批评性评估中，甚至在经常性地觉得受忽视的恐惧中，都能发现忌恨的影子。先前对社会生活的准备，决定着在这些忌恨表现中哪一种会突出显示出来。自我毁灭是忌恨的一种表现形式，而奋力完成某项工作的固执则是另一种表现形式。这种性格特征还存在一些多变的形式，包括使他人扫兴、愚蠢的敌对情绪、限制他人的自由及随之而来的对他人的征服等。

忌恨心理最喜爱的把戏，就是为其他同伴制定一套行为准则。这种心理模式是忌恨的个体所特有的，他在哄骗他的伴侣时，会企图利用爱情的某种法则，他会把围墙建筑在所爱的人身边，或是吩咐别人应该看什么地方、看什么内容及如何思考。贬低和谴责他人，也常常是忌恨的一个目的；而贬低和谴责所要达到的目的是：剥夺他人的意志自由，令其循规蹈矩、墨守成规，或是把别人牢牢锁住。关于这种类型的行为的精彩描写，我们在陀思妥耶夫斯基的小说《涅陀契卡·涅兹凡诺娃》（*Netotschka Njeswanowa*）中能够发现，有一个男人使用了我们已经讨论过的伎俩，并且成功地把他的妻子压迫了一辈子，他对她的统治地位因此而得到显示。所以，我们看到，忌恨是一种对权力的追求的格外突出的形式。

（三）嫉妒

我们完全能肯定，在对权力和统治地位的追求出现的地方，就会出现嫉妒这种性格特征。在自卑情结这一形式中，个体和他不可思议的目标之间的鸿沟表现了出来。他被这种自卑情结压迫着，他对生活的一般行为和态度也因此而被深刻地影响着，如此，在人们的脑海中就会出现这样一种印象：距离实现自己的目标还非常遥远。他对自己的妄自菲薄和他经常性的对生活的不满表明了这一点。对于他人的成功程度，他开始不惜时间地进行估算，并沉溺于他人对他的看法和他人所取得的成就之中。他总是觉得自己受到歧视，总觉得自己成为受到忽视的意识的牺牲品。

其实，相比于他人，这样的个体或许拥有得更多。这种受忽视感的多种多样的表现就是这种不满足的虚荣心的标志，也是要比别人拥有更多、或实际上是想拥有一切的心态的标志。“希望拥有一切”，绝不是这种虚荣类型的人会直接说出来的，其原因在于，他们这种想法事实上被存在的社会感阻止了。不过，他们所表现出来的就像是他们想要拥有一切一样。

滋生于这种不断地估算他人成功程度的过程中的嫉妒感，绝不会令人获得更多的幸福。社会感的普遍性导致了对于嫉妒的普遍厌恶。可是，“完全没有嫉妒之心”，这一点是很少有人能做到的。在我们中间，完全没有嫉妒的人并不存在。通常情况下，嫉妒在一帆风顺的生活中并不明显。不过，每当一个人遭受到苦难、感受到压迫，或缺乏金钱、食物、衣着、温暖这些东西时，每当一个人对将来感到绝望，不能从不幸的情形中找到任何出路的时候，嫉妒就会随之而来。

今天，我们人类尚处于文明的开端。嫉妒感虽是我们的伦理和宗教所禁止的，但在心理上，我们仍未足够成熟到消灭嫉妒感的程度。贫困的嫉妒是人们很容易理解的。而倘若有人证明其被放在与穷人相似的地位上却没有产生嫉妒心理，理解起这一点来反倒困难了。我们针对这一点所要说的是，在当代的情形下、在人的心灵中，某个因素我们必须给予充分的考虑。这个因素就是，人们只要太多地限制他们的活动，在个体或群体之中就会产生嫉妒心理。不过，在那些我们从来无法证明的令人不悦的形式中出现嫉妒时，对于任何消除这种嫉妒和常常与之联合在一起的仇恨的方法，却是我们不得而知的。

对于我们社会中的每个居住者而言，很明显的一点是：让嫉妒这样的倾向去接受测试，并不是人们应该做的，而且更不应激发它们；人们应该有足够的机智不去强化任何能被预料到的嫉妒的表现。不错，采取这种方法也不会出现任何转机。但是，我们至少能要求个体是这样的：对于任何凌驾于他同伴之上的优势，他都不应该去炫耀。习惯于这种无用的权力展示，他就会很容易伤害某些人。

个体和社会之间不可分割的联系，能通过这种性格特征的起源加以说明。倘若阻碍个体成功的对他人的敌对心理没有被同时激发出来，那么就不存在高踞于社会之上的人，同时他具有超越于同伴之上的权力这一点，也是没有人能够证明的。那些以建立人人平等为目的的标准和法则，是嫉妒迫使我们制定的。最后，我们理性地得出一个我们已经感受到的命题——人人平等的法则。敌对和混乱，会立即因这种法则遭到破坏而产生。人类社会的基本法则之一即是如此。

事实上，在个体的外表上，有时可以轻易地辨认出嫉妒的表现。在语言形象中，人们已长期使用的嫉妒的特征与随之而来的生理现象是密切相关的。“脸都绿了”或“脸色苍白”，是人们形容一个人嫉妒的形态时常见的描述。实际上，这表明的是嫉妒对血液循环所产生的影响。动脉毛细血管的收缩，即是嫉妒的器官表现。

如果从嫉妒的教育意义这一点来看，唯有一条路我们可走。既然我们无法完全消除嫉妒心理，那么，就只有让它为我们所用。想要实现这一目的，可以为它提供一种可获得良好成果的渠道。对精神生活而言，过大的震荡并不会因此发生。而对于个体和群体来说，这也具有良好的实用意义。

从个体方面来说，我们可以劝告他去从事一些有助于提高自尊的职业；而在国际生活中，对那些觉得未被重视，并在国际大家庭中目睹了邻国的幸福，对其更好的境况产生了徒劳的嫉妒心理的国家，只能为他们指明一条道路：要达到内在的不发达的力量的发展，除此之外，已无他法。

在生活中，对共同生活而言，任何心怀嫉妒的个体都是毫无裨益的。唯一能让他感兴趣的，只是从他人那儿取走点儿什么，剥夺他人、干扰他人，大概是他唯一会做的。此外，他有这样一种倾向——随时为没有达到的目的寻找理由，甚至，失败时他会去谴责他人，认为导致自己失败的不是自己而是他人。他可能变成一个战士，一个对他人横加干涉的人，有益于他人的事是他从不会参与的。对于人性，他了解甚少，这是由于他很少会费心去设身处地为他人着想的原因。他人因他而遭受痛苦，他也不会为之动容。嫉妒甚至会使一个人为他邻人的痛苦而收获快乐。

（四）贪婪

我们发现，通常情况下与嫉妒紧密相联的糟糕的伙伴就是贪婪。我们所指的贪婪不仅仅是在积聚钱财中所表现出来的贪心的方式，在给他人以不悦中表现出来的较为普遍的方式，也是贪婪的一种表现。这种人的贪心，会在他对社会和别人的态度中表现出来。

贪婪的个体为了拥有更多的钱财，会在自己周围构筑一道墙。一方面，我们能够发现贪婪同野心与虚荣之间存在某种关系；另一方面，我们也能看到它和嫉妒的关系。毫不夸张地说，一般情况下，所有这些性格特征都会同时存在。所以，要把他人的心思看透，绝非什么令人惊奇的事，当这些性格特征中的一个被人们发现，那么也可以宣称其他性格特征也一并存在。

在当今的文明中，贪婪的迹象已在相当多的人身上显示出来。普通人努力地去遮掩或隐藏贪婪——采用一种夸大的慷慨的方式。这种慷慨形同于救济，他们在提高人格感时，企图通过慷慨的姿态并以他人为代价。

很明显，贪婪在这样的情况下，即会被引导向某种生活方式，转而会蜕变成一种有价值的品质。对于时间或工作，人们完全会表现出贪婪，而且的的确确将很多精力都用在了这一过程中。

今天，出现了一种强调“时间的贪婪”的科学和道德倾向，这是一种要求每个人节约他的时间和工作的倾向。从理论的角度讲，这看似很好，然而，如果我们看到这种论调付诸实践，我们就会发现，它的目的是为了服务于具有优势和权力的个体目标。这种从理论上得出的论题经常会被人们滥用，对时间和工作的贪婪倾向于把工作的真正负担转移到他人肩上。同其他活动一样，我们在判断这一活动时，可以采用普遍有用性的标准。显而易见，人在我们科技时代的发展中，已经被视为一种机器，而且，就像技术活动的法则一样，生活法则也大多如此。这样的法则在技术活动中，时常能被证明是无效的；然而，离群索居、孤独和人际关系的毁灭，在人类的社会中，却最终会因这些法则而出现。所以，没有比调整我们的生活更好的方法了，我们要努力做到宁愿给予，而非积聚。这种法则不能脱离其环境，人们在用这一法则时，绝不允许伤害他人；不错，如果人们能牢记共同福利的存在，就不可能用这一法则伤害他人了。

（五）仇恨

我们发现，一般情况下好战的人具有一部分仇恨的性格特征。比如在勃然大怒中，仇恨的倾向（它在童年早期常常出现）能达到极度紧张的程度。与此同时，在较为温和的，诸如责骂和恶意的形式中，它们也会出现。任何人的人格，都能在对他人仇恨和责骂中得到很好地表明。明白了这一点之后，我们就能更好地了解人的灵魂，因为人格被仇恨和恶意赋予了鲜明的色彩。

仇恨的表现也是各种各样的。它存在于人们反对一个个体、一个国家、一个阶级、一个种族或异性的多种多样的行为中。仇恨像虚荣一样，它清楚怎样把自己伪装起来，它并不会公然出现，比方说，它出现时，会拥有一种普通的批评态度的伪装形式。

在破坏所有个体可能有的接触中，仇恨可以扩大化。有些时候，个体可能的仇恨的程度会如同闪电一般突然地被揭示出来。在一个病人的实例中发生的一切，能够为此提供证明，他完全能让自身免于服兵役，可他对人们说，他十分喜欢阅读有关使人毛骨悚然的对他人的屠杀和灭绝的报导。

在犯罪中我们可以看到更多此类的情形。在较为温和的形式中，仇恨倾向可以在我们社会中发挥一种重要的作用，此时，仇恨表现出的会是一种无须伤害或恐怖的形式。厌世就是经过伪装的一种仇恨的形式，它显示出一种对人类很高程度的敌意。敌意和厌世，渗透于某些哲学流派的整个系统中，致使人们觉得他们是残酷的人，他们甚至会做出残酷的不经过伪装的行为。而伪装的面纱在名人的传记中，有时却被撇到了一边。对这种叙述无法避免的真实性问题进行考察是完全没有必要的，但有一点却比较重要，需要记住，艺术家身上有时同时存在仇恨和残忍的气质，但如果他对创造出真正的艺术抱有巨大希望的话，他原本应该紧紧地站在人性的一边。

到处可见仇恨的分支。我们并不会在此一一考察，其原因在于，我们若是对单独的性格特征和总的厌世倾向的所有关系进行考证，必然过于繁杂。打个比方，一些厌世的性情必然会存在于某种工作和职业中。格里尔帕策（Grillparzer）曾经说：“一个人的残酷本能可以尽情地发泄在他的诗歌中。”可这并非表明这些职业必定带有仇恨。刚好相反，对人类秉持敌意态度的个体准备从事一个职业的那一刻，例如军队里的职业，他不会表现出其所有的敌意倾向，至少在外表上与社会体制相适应。其原因在于，他必须适应于他的组织，而且，他有必要与已选择这一职业的他人发生联系。

在“过失犯罪”的名目下所做出的行为，是敌意伪装得特别好的形式。对人或钱财的“过失犯罪”的特别表现在，过失的个体完全不具备那些社会感所要求的对他们的关怀和思考。在法律上，无休止的讨论因这个问题而产生，然而一直也未能获得一个满意的结果。无须赘述，被称为“过失犯罪”的行为并不等同于犯罪。假若我们把一盆花放在离窗户边缘太近的位置，以至于极轻微的摇动就能使其掉落，并恰好把某个路人的头砸到，这显然不同于我们直接拿起花盆正好砸在某人头上。然而，毋庸置疑，某些个体的“过失犯罪”行为却与犯罪行为有着千丝万缕的联系，了解人类的另一关键点也正在于此。从法律的角度看，一种可以使犯罪罪行减轻的情形就是，“过失犯罪”行为并不是有意识地进行的，不过，必须承认，在相同程度的敌意上，存在一种无意识的敌对行为和一种有意识的邪恶行为。人们在对儿童的游戏进行观察后，发现了这样一些事实，他人的利益是某些儿童很少注意到的。于是，我们完全可以肯定地说，儿童对他们的同伴并不友好。要证明这一事实，人们必须等到更多的证据出现，不过，每当这些儿童玩耍的时候，如果人们总能发现某些不幸会发生，那么，我们不可否认，“把他们玩伴的利益放在心上”并非这些儿童的习惯。

在这一点上，我们不妨对我们的商业活动予以特别注意。如果我们要证明过失和敌意之间的相似性，商业似乎并不是特别适合。竞争者的利益往往被商人忽略，或者说，对我们所设想的必需的社会感，很少有商人会感兴趣。许多商业程序和商业事业就是在这样的理论之下建立的，一个商人的劣势，基本上促成了另一个商人的优势。所以，一般来说，无任何惩罚会加在这样的活动上，纵然这种活动是在一种有意识的恶意的驱使下完成的。好比我们整个社会生活中的“过失犯罪”一样，这些缺乏社会感的商业进程每天都在发生，毒化着我们。

即使是那些拥有最好的意愿的人，一旦处在商业的压力下，保护他们自己也会成为他们的首要任务。有一个事实经常被我们所忽视，那就是在通常情况下，对他人的伤害就存在于这样的个人保护之中。我们之所以要让人们关注这些事实，是因为它们有助于解释：要在商业竞争的压力之下把社会感展示出来，是何等的困难。事实上，人类一定要找到某些解决办法，如此，每个个体都会更易于进行公共福利的合作，而非使其变得更为困难，就如同在今天常见的情形中看到的那样。其实，企图建立一个更好的秩序的念头在人的心灵中已自动地生成了，其目的是尽可能更好地对自身予以保护。为此，心理学一定要与之合作，并着手对这些变化进行了解。到最后，它既能了解商业关系，还能了解同时也在发挥作用的精神器官。唯有如此，对“个体和社会应该期待什么”这一点，我们才能有所领悟。

在家庭、学校和生活中，过失广为存在。在大多数团体中我们都能发现它。有时候，为同伴考虑是某些人无论如何也做不到的，但自己的显要位置却是他们一味地想要追求的。于是，惩罚并不会施加在自己身上。对鲁莽的人来说，通常其行为会以对他而言不愉快的方式而告终。有时候，这种惩罚要多年之后才会出现。“上帝的磨坊缓慢地碾着（The mill softhe Gogsgrind slowly）”，或许，这种惩罚来得很晚，那些从不试图控制自己的行为并对原因和结果的联系不甚了解的人，是难以理解先前的行为和相隔久远的惩罚的联系的。所以，他们还会发出“遭到了不应得到的不幸”的抱怨！他们所谓的邪恶的命运或许可以归因于以下的事实：对于同伴的肆无忌惮，他人已经不堪忍受，在一段时间后，他们个人善意的努力被放弃了，而且他们的同伴也被抛弃了。

即使一些明显的理由可以为过失犯罪行为开脱，但我们通过仔细的观察发现，本质上来说，它们只能是恨世倾向的表现。比方说，一个超速驾驶的私人司机撞到了别人，在请求别人的原谅时，他会以赶赴一个重要的约会为由进行辩解。我们清楚地看到，他是在他人的幸福头上放置自己个人的小事的人，这样做，就等于轻视了他可能给别人带来的危险。他对待个人私事和社会公益之间的差异就向我们表明了他对社会的敌意。

第三章 非攻击性性格特征

可以说，非攻击性性格特征中，包含那些并不公开敌视人性、但却给人以敌意的离群索居印象的性格特征。看上去，它似乎是敌意倾向的转轨，对此，我们会产生一种精神的迂回的印象。在此，一些从不伤害任何人的个体站在我们面前，但却在生活与社会中尽量回避他人，为的是避免与所有人有任何接触，并因其离群索居，也无法与同伴进行合作。不过，在多数情况下，唯有在社会里才能解决生活中的各种问题。同那些公开和社会交战的人一样，一个使自己离群索居的个体，也会被怀疑其怀有敌意。这种敌意，因一个巨大范围内的研究而为我们所揭示，同时，我们也将详细说明这方面的几个显著的表现形式。隐遁和羞怯，是我们必须考虑的第一个特征。

（一）隐遁

隐遁和离群索居的表现方式多种多样。那些少言寡语或者根本不开口说话的人，将自身和社会相隔绝开来；不会正视同伴的眼睛，同伴说话也听而不闻，或不专心听别人说话。他们把某种冷漠表现在所有的社会关系中，甚至是在最简单的社会关系中，这导致他们与同伴相分离。他们的冷漠生硬的态度，通过行为举止、做事方式、说话腔调、问候或拒绝问候他人的方式体现出来。看上去，他们的一言一行、一颦一笑似乎都在他们自己和同伴之间制造着一种距离。

我们在所有这些离群索居的表现方式里发现了野心和虚荣心的暗流。这些人在使自身凌驾于他人之上时，总是试图借助于强调他们和社会之间的差异。他们获得的最多的就是想象性的荣誉。好战的敌意在这些看似无关痛痒的自我放逐的态度中表现得很明显。而更大的社会群体的特征，也可以是离群索居。众所周知，有些家庭整个与外界隔绝，将自己封闭起来，反对与外界进行接触。他们的敌意、想象及他们自以为比别人都更好更文雅的信念都是确定无疑的。阶级、教派、种族或民族的特征完全可能是离群索居，同时，它有时是一种体验——能得到特别说明的体验：当我们走在一个陌生的城镇里时，在家庭和居所的结构中，我们将会看到不同社会阶层是怎样使自身和他人隔绝起来的。

人们和民族、教派及阶级，可以因我们文化中一种根深蒂固的趋势而隔绝起来。由此可能产生的唯一后果就是日渐式微的传统之间所表现出来的各种冲突。一些个体为了满足他们个人的虚荣心，会利用某种潜在的矛盾促使一个组织和另一个组织相互战斗，这是它很容易做到的。这样的阶级——或是这样一个个体，会觉得自己是相当优秀的，在评价他们自己的精神时也站在极高的位置上，同时极力展示他人的邪恶。其实，那些斗士的主要目的是提高他们个人的虚荣心，所以才极力强调阶级和民族的差异。就像世界大战及其后果一样，不幸的事件倘若发生了，他们并不会遭受谴责，纵然是他们挑起了那些不幸的事件。这些惹是生非的人在体现自身的优势和独立意识时，会企图以他人为代价，是因为他们会受到自己不安全感的追逼。而他们自己令人遗憾的命运和他们自己狭隘的天地，就是离群索居。显而易见，他们在我们的文明或文化中是不会有太大的进步和发展的。

（二）焦虑

焦虑的色彩常存于厌世者的性格之中。焦虑这种性格特征相当广泛。从儿童早期开始，个体就会在它的陪伴下成长，直到晚年，他的生活因此而充满痛苦，他也因而不能联系所有的人，他建立和平生活的希望也一并被其摧毁了，或者说，他卓有成效地为世界做出贡献的希望被其摧毁了。恐惧在每个人的活动中都是无处不在的。外部世界，甚至是人们自己的内心世界，都会引起他们的恐惧。

那些害怕社会的人，会竭力地躲避社会。而孤独或许是另一些人所害怕的。我们总能发现，在焦虑的人中，那些为人所熟知的个体大多会忽视同伴，而更多地考虑自己。若是有人对“他必须避免生活的所有障碍”予以假设，那么，焦虑将会随时跳出来为他提供增援。

一部分人在一开始做某件事情的时候，焦虑总是他们的第一反应，即便这件事情只是离开家门，或是与同伴分离、得到一份工作，甚至是坠入爱河。他们极少与生活及同伴之间产生联系，于是当每当境况一改变时害怕成了唯一伴随着他们的心理特征。

这一性格特征，明显地抑制了他们的人格发展和他们有助于世界福利的能力。颤抖和逃跑并非绝对必然的！如果一个人放慢了他的脚步，那么他只要以各种方式找到申辩和托词就可以了。恐惧的个体在大多数情况下，并不能意识到“他的焦虑态度来自于新情况的出现”这一点。

人们总是在想着过去或死亡，这一发现是很有趣的。一种不太显著，所以也是深受喜爱的自我压迫的方式，就是回想过去。为逃避所有责任和义务而寻找借口的人所具有的一种性格，就是对死亡或疾病的恐惧。它们总是很夸张地强调“万物皆空，生命是短暂易逝的，未来是难以预测的”。天堂和来世的慰藉有着极为类似的功效。对于把存在于来世作为真正的目标的个体而言，现世的生活完全是一种极端多余的奋斗、不具有任何价值。第一种类型的个体会竭力避免所有的测试，其原因在于，他们的野心抵制任何一项试验，他们不希望自己所真正追求的价值由此被揭露出来。对第二种类型的个体来说，我们可以清楚地看到，也是由于这同样的上帝，同样地努力超越别人的目标，同样夸张的野心而使他们不能适应生活。

我们发现，儿童一旦独处就会瑟瑟发抖，这是焦虑最早和较为原始的形式。他们的愿望是不会因有人来到他们的身边陪伴他们而得到满足的。对别人的这种陪伴，他们还有其他的企图。一个儿童如果被其母亲撇下独处，他在唤母亲回来时就会有明显的焦虑。这种姿态证明了一切都维持了原样。实际上，这个母亲在这儿与否并不重要。逼迫母亲服侍他，并支配母亲，是这个儿童更为关心的。这说明我们没有让儿童发展起任何独立的精神，而是通过对待他时的错误方法给了儿童机会，让他学会了强求他身边的人给他提供服务。

人们都很清楚儿童焦虑感的表现形式。在黑暗或夜晚的来临，促使其与环境或与所爱的人的联系变得更为困难时，儿童的这种焦虑感会表现得更为明显。可以说，由于夜晚而隔断的联系，由儿童焦虑的哭闹所弥补。如果有人匆匆地走过这个儿童的身边，那么通常就会发生我们上面描述过的一幕情景。他会提出让别人把灯打开、陪在他身边、与他一起玩耍等诸如此类的要求。他的焦虑会由于他人的遵从而烟消云散，不过，一旦他的优越感受到了威胁，焦虑不安立即会再度出现在他身上，并通过焦虑感来使其支配地位得到巩固。

相似的现象也同样存在于成人的生活中。有些个体并不愿意独自外出。在大街上，人们一眼就能认出他们，因为他们表现出焦虑的姿态及不安的四处张望的目光。他们之中有一些人不愿意从一个地方向另一个地方转移，而另一些人则像有敌人在追赶着他们一样，看上去仿佛是沿着街道飞奔的。有时候可以遇到这样一种类型的妇女——她们要求别人帮她们穿过街道，可这些人却绝不是体弱多病的残疾人！通常，她们都很健康，走起路来也相当轻快，然而，在微不足道的障碍出现在她们面前时，焦虑和恐惧将会充满她们的内心。有些情况下，只要她们一离开家门，就会产生焦虑和不安全感。恐旷症，或者说是对空旷地带的恐惧感，是这种情形里比较有趣的一种。他们会产生一种成为某些敌意残害的牺牲品的感觉，且这种感觉一直在他们心中挥之不去。他们相信，一定存在某种东西可以使他们与其他人区分开来。这种态度的一种表现，就是害怕他们可能会跌倒（可在我们看来，这仅仅意味着他们感到自己处于很高的位置上）。在恐惧的病理性形式中我们同样可以看到对权力和优势目标的追求。对许多人而言，一种显而易见的迫使别人和他们接近的技巧就是焦虑，这种技巧也同时能使他们自己成为受害者。在这种境况中，我们可以看到，如果别人离开了房间，他就会再次陷入焦虑不安之中。每个人都必须服从于病人的这种焦虑。所以，一个人的焦虑就通过这种方式在整个环境之上强加了一种法律。病人无须走到任何人身边，但所有人却必须来到他的身边。他成了皇帝，能统治所有人。

人若想消除其恐惧，只能通过联结个体和他人的纽带。只有那些意识到自己从属于人类情谊的个体，才能摆脱焦虑的困扰，走完人生的旅程。

我们不妨再来看看一个来自于1918年革命时代（奥地利）的有趣的例子。越来越多的病人在那些日子里突然宣称，他们无法参加心理咨询。他们用带有以下意思的话来解释其中的原因：在这风雨飘摇的时代里，任何人都无法预料在大街上将遇见什么人；一个人倘若穿得比他人更好些，那么，会发生什么意外就更是他无法知道的了。

在那个时代，弥漫着相当严重的沮丧心理，但显而易见的是，只有一部分个体会得出这样的结论。为什么只有这些人有这样的想法呢？他们这样做绝非出于偶然。他们从未与人有任何接触这一事实导致了他们的恐惧心理。所以，在非同一般的革命环境下，他们总会感觉“自己不够安全”，但是，另外一些人却并不会感到焦虑，因为他们认为自己属于社会，且会如往常一样各行其是。

羞怯是焦虑的一种并不显著的温和形式。对于羞怯来说，我们对焦虑所说的一切同样适用于它。无论让儿童身处多么简单的关系中，他们总会因羞怯而避免任何接触，或刚刚建立接触，就把它们破坏掉。可能在建立新的接触中获得的任何欢乐，都被儿童的自卑感和要与他人不同的意识抑制了。

（三）懦弱

这样的一些人具有懦弱的性格：每当有任务摆在他们面前时，他们都会觉得特别困难，也没有信心去完成任何工作。通常情况下，这种性格特征的一个表现形式就是行动迟缓。所以，在其个体与其所接受的测试或任务之间存在的距离，不但不能很快地缩小，还极有可能保持不变。有一种人就属于此类，他们本应集中精力去解决生活中的特殊难题，可总是发现自己身在别处。这样的个体总是在突然之间才会发现，他们已选择的职业并不适合他们，或者，他们会千方百计地找出各种各样的反对意见和借口来消除自己的逻辑感，其目的在于使从事这一职业最终成为不可能的。除了行动迟缓，我们还发现懦弱同时还表现在某种过分的谨慎和过多的准备种，或者把所有需要负责任的活动都取消，为的是逃避自己应负的责任。

在个体心理学上，将适用于这种特别广泛的现象的问题的复合体称为“距离问题”。它已慢慢形成了一个观点，依据此观点，我们可以不失偏颇地给一个人做出判断，并测量出他距离解决人生三大问题之间的距离。这些问题包括：他的社会责任问题，也就是“我”与“你”之间的关系问题的解决，这是一个他是否以近似正确的方式促进或阻碍了他与同伴之间关系的问题；另外的两个是涉及工作以及恋爱与婚姻的问题。依据某个个体在这些问题上的解决程度，我们可以对他的人格得出意义深远的结论。此外，我们还能够利用通过这种方式得到的资料，加深我们对人性的理解。

一如我们曾指出的那样，我们可以在懦弱的实例中发现，个体要使自身和他的任务或多或少地分离的愿望是构成它的基础。不过，除了我们描述过的灰暗的悲观主义之外，还存在着光明的一面。我们能够假设，就因为这光明的一面，所以我们的病人才会选择他目前的位置。而他在毫无准备的情况下去做完成一项任务时，那么，他即使没能成功，也是情有可原的，他的个性意识和虚荣心将依旧保持不会受到任何伤害。这样的话，情况就会变得更加安全可靠了，他就像一个走钢丝的演员一样行动，因为他知道他的下面有一张防护的大网，他一旦跌下去，也会有防护措施保护他。而且，在从事一项工作时，若因他毫无准备而失败了，那么他的个人价值意识也不会受到威胁，其原因在于，他总能罗列出各种各样的妨碍他顺利完成工作的借口。他可能会说，倘若他开始得早一些，或进行精心的准备，那么，获得成功对他来说是轻而易举的事情。如此，人格上的缺陷并不该受到责怪，反而一些不重要的情形会成为罪魁祸首。正因这种情况的存在，承担责任就不再是他要做的了。而他一旦获得了成功，那么，这会使他的成功显得更为光彩夺目。有人尽心尽力地勤奋工作，并且顺利地完成了任务，相信没有人会对此感到惊奇，因为，这个成功对他来说是理所当然的。另外，倘若他开始得太晚，只做了一点点工作，或是一点准备都没做，但他仍然如期地解决了问题，那么另一种相当不同的光景就会出现。换言之，别人用两只手才能做的事情，他用一只手便完成了，他就成了一个双料的英雄。

精神迂回的优势也正在于此。可是，野心和虚荣心都在这种迂回的态度中显示了出来，并且暴露出个体喜欢扮演英雄角色的倾向——至少对他自己来说是这样。他所有的活动都是他个人的私心膨胀的一种表现，这样他就能在表面上拥有特殊权力了。

现在，我们不妨看一下另外一些个体，他们同样希望逃避我们在上面描述过的问题，所以，为了使自己根本不去面对这些问题，故意给自己制造一些障碍，或者，至多以一种极为犹豫不决的态度来对待这些问题。我们可以在他们的精神迂回中发现下面提到的各种各样的怪僻，比如懒惰、频繁地变更工作、好逸恶劳、玩忽职守，等等。一些人把他们对生活的这种态度通过外在的形式表现出来，他们的步态就像蛇一样，看上去是那么柔韧灵活。这当然不是出于偶然。保守地看，人们会这样对这些个体进行评估：他们希望通过迂回的方式来回避他们周围的各种困难。

关于这一点，可以用一个来自于现实生活的实例进行清楚的说明。有这样一个男人，他由于厌倦了现有的生活，直率地把对生活的沮丧表现出来，整天都想着要自杀。他无法从任何事情上体验到快乐，他的整个态度表明，他的生活已经走上了绝路。心理咨询显示，在他家的三兄弟中，他是长子，他的父亲是一个颇有成就的野心勃勃的人，他对生活充满着不屈不挠的热情，在一番努力之后成就了不小的事业。在三兄弟中，这个病人最受父亲的喜爱，继承父业的希望也全都寄托在了他的身上。他母亲离世的时候，他还很年轻，然而，可能是因为父亲的缘故，他和后母的关系十分融洽。

作为长子，他对权力和力量有着不加鉴别的崇拜。在他的一言一行、一举一动中都流露出专横的色彩。而且，在学校里，他成功地成为班级的领头人。他在毕业以后便接管了父亲的事业，同时，一直以来，他都把对周围人的乐善好施当作自己的责任。他有着友善的谈吐，对待工人也很不错，把最高的工资付给他们，且对于他们合理的要求，他总是予以满足。

然而，他的行为却在1918年革命之后突然发生了改变。对那些不受管束的雇员，他抱怨说，工人们不守规矩的行为令他痛苦不堪。以前他们想得到什么总是请求他，而此刻，他们总是对他提出各种要求。他很想放弃目前的生意，因为他倍受折磨。

在这里我们可以看到，他在这一态度上绕了多么大的一个弯子。一般而言，他这个管理人员是很善良的，然而在他的权力关系受到威胁时，他却不能公道地行事了。他领导的工厂及他的生活，都因他的哲学而受到妨碍。倘若，在证明他是他自己房子的主人这件事情上，他不如此野心勃勃，那么在这方面，他仍是可以亲近的，不过，对他来说，依靠个人权力来支配他人成了唯一重要的事情。这种人的统治欲望在实际中会因社会和生意关系的逻辑而变得不可能。结果，整个工作对他没有任何欢乐可言。对于雇工而言，他要放弃他生意的倾向是一种进攻，也是一种抱怨。

现在，他只能在一定的范围内实现他的虚荣心了。他因为突然发生的整个情形的矛盾而受到了影响。由于他的片面发展，他渐渐丧失了改变思路和发展起一种新的行动准则的能力。进一步发展对他而言，也已经是不可能的了，因为权力和优势是他唯一的目标。最后，在他的性格中，虚荣心占据了支配的地位。

通过对他的生活关系进行调查，我们发现，他的社会关系是相当不健全的。在他周围，聚集的都是那些愿意认同他的优越并遵从他意愿的人，这一点也是我们预料之中的。另外，抨击起他人来，他十分尖锐，原因在于他十分聪明，有时甚至会做出那种有力而又有辱人格的评论。他的朋友也都因为他的冷嘲热讽而纷纷离开他，其实，从严格意义上说，自始至终他都没能交到一个朋友。他在与人的接触中所失去的东西，他会用别的快乐来补偿。

然而，当他处理爱情和婚姻问题时，他人格的真正失败才刚刚开始。在这儿，他所遭受的命运，是人们可以轻而易举就能预料到的。因为爱情要求最深切最友善的感情联系，它不允许个体心中的专横欲求，那并不是爱情。作为一个一贯的支配者，他对配偶的选择必然会与他的渴望相一致。一个软弱的个体，绝不是专横傲慢、追求优势的个体会选择的爱情伴侣的对象，他要寻找的是一个可以被征服了又能再被征服的人，这样的话，每一次征服都如同一次新的胜利。这样，两个心性相近的个体彼此结合在一起，而他们的婚姻就变成了一连串的、不间断的战斗。

一个在许多方面都比这个男人更为专横的妇女，成了这个男人的妻子。与他们的法则相一致，为了维护他们的支配地位，他们俩都必须抓住每一种可能的武器。所以，越来越疏远的他们也并不敢提出离婚，原因在于他们并不愿从他们的婚姻战场上提早撤离，每人都希望得到最后的胜利。

此时，我们的病人的心情可以通过他所做的一个梦而得到说明。他梦见和自己说话的姑娘是一个女仆模样的人，这不禁使他想起了他的会计员。他在梦中叫她并对她说："然而你看，我拥有贵族血统。"

发生在这个梦里的思维理解起来其实并不难。首先，这里可以体现他轻视别人的态度。对他而言，仿佛每个人都如同没有文化、地位低下的仆人，而女人就更是如此了。我们必须要牢记，如果将他正在和妻子处于僵持状态的事实和这个梦联系在一起的话，显然，我们可以设定，他梦中的这个女人的形象就是他现实中的妻子的象征。

我们的病人是没有人能理解的，甚至于他自己对自己也知之甚少，他整天高昂着头颅，一副傲慢无礼的表情，总是四处奔波、进进出出，只为实现自己虚荣的目标。他与世隔绝的同时，还要求别人承认他的高贵身份——依赖于自命不凡，虽然这完全与事实不符。此外，别人的价值也被他贬低得一文不值。这样的生活哲学没有给爱和友谊留下丝毫存在的空间。

一般来说，这种为精神迂回寻求辩护的论据颇具特色。多数情况下，这些理由自身看起来是相当合理和可以理解的，然而，这些理由对当前的情形来说并不适合，而只是适用于其他的情形。比如说，我们的病人发现他必须教化社会，并愿意为此进行尝试。于是在一个联谊会中开始出现他的身影，他把时间浪费在喝酒和玩牌，或是类似的一些毫无意义的娱乐上。他相信，只有通过这个办法才能把朋友聚集在自己身边。结果，每个晚上他都很晚才回家，却用昏睡不醒、有气无力来对待第二天早晨，对此他却表示，一个人倘若想致力于教化社会，那么就要控制去俱乐部的次数，如此等等。如果他同时也勤奋刻苦、努力工作，那么他的这番话也未尝不具有某种合理性。可我们发现，事实却与此相反，一如我们所预料的那样，他虽然声称要为教化社会做出贡献，但他在行动上却推三阻四，敷衍了事，并没有做出什么实质性的事情来。很明显，纵使他使用了正确的论据，可他的所作所为仍是错误的。

这一实例可以清楚地证明，正是我们对事件的个人态度和评估，及我们评估和权衡这些事件的方式，致使我们偏离了正常发展的方向，而不是我们的客观经验。在此，人类所有领域的错误都是我们必须要面对的。这个实例及与此相似的实例显示出了一系列的错误和犯更多错误的可能性。我们如果想对某一个个体的错误进行全面的考察，就必须尝试着将个体完整的行为模式考虑在内，只有这样才能通过合适的方法克服这些错误。这是一种与教育特别相似的过程。教育的一个目的就在于纠正错误。为此，有必要了解错误是怎样沿着错误的方向不断发展并以错误为基础而导致悲剧的。对古人的智慧我们钦佩不已，他们能够发现这种事实，或者说对此可以产生某种预感，这种发现和预感通过复仇女神涅墨西斯的形象所表现出来。由错误的发展而使个体所遭受的不幸可以清晰地表明，这是他崇拜个人权力而忽视公共利益的直接后果。为了追求个人权力，他被迫以迂回的方式来达成自己的目标，并置同伴的利益于不顾，这样做的代价就是永无休止地对失败的恐惧。我们经常会在他的这一发展阶段中，发现神经性的疾病或症状的表现，其特殊目的和意图就在于阻止个体完成他的一些工作。这种症状表明，依据经验来看，他在向前迈出的每一步中都伴随着出现巨大危险的可能性。

在社会中，厌世者几乎没有容身之地。他们必须要有一定的适应性和服从性，要帮助他人，而不是简单地为了实现统治的目的而以领导者的身份自居，这样才能遵守规则。在我们自己或他人身上，都可以观察到这种法则的正确性。对某些个体来说，我们很清楚，他们拜访别人时彬彬有礼，他们表现良好从不给他人带来干扰，可对朋友却不热心，因为他们对权力的追求妨碍了他们这样做。所以，也就不奇怪他们为什么无法获得他人的热心了。属于这种类型的个体，可能会安静地坐在桌边，沉默不语，也不会显示出任何幸福的感觉。在公开讨论中，他更乐于把宏篇大论发表出来，同时他真正的性格也会在微不足道的小事上显示出来。比方说，为证明自己是对的，即便他完全不在意对错与否，他也会竭尽全力。我们很快就会发现，对他而言，只要他人被证明为错误而他被证明为正确，他立刻就会把论据本身作为毫无价值的东西抛到九霄云外。除此之外，他那令人困惑的表现也会显示在精神迂回的问题上，他会毫无缘由地感到疲乏，匆匆忙忙、手忙脚乱却又毫无进展，无法入睡，失去力量，各种各样的状况随即出现。一言以蔽之，我们总能听到他毫无缘故的抱怨声，他看起来更像是一个病人，一个神经质的患者。

其实，这一切都是他狡猾的伎俩，他依靠这种伎俩把自己的注意力从那些他所惧怕的事情上转移开。他选择这些方法并不是出于偶然的。想象一个对黑夜这种自然现象感到恐惧的人所进行的顽固反抗吧！我们在看见这样一个人时，可以确信的是，他从未与这个地球上的生活事务协调一致。能够满足他自我的东西，只有摆脱黑夜，除此之外别无其他。这被他作为适应正常生活不可缺少的条件。然而，他的不良意图在他提出这种不可能的条件时完全暴露了出来！他是一个对生活说“不”的人！

神经质的个体，对他必须解决的问题所感到的害怕，是所有这类神经质问题的表现，那么它们都是些什么问题呢？其实，只不过是些日常生活中必要的责任和义务罢了。这些问题一旦出现，他就会寻找各种借口来延缓面对这些困难的进程，或找个情有可原的理由彻底避开这些问题。依靠这些方法，他就避开了那些对维持人类社会而言不可或缺的职责，这样做不仅使他最接近的环境受到了伤害，同时从更广的范围来看，他还伤害了所有的人。如果我们能对人性有深入的理解，而且可以铭记那些导致悲剧结果的可怕的因果关系，那么，很早以前这些症状就会被我们消除掉。

对人类社会这种合理和内在的法则进行反抗，显然是不值得的。然而由于存在时间和距离上的影响因素及或许会发生的难以量化的复杂情况，我们几乎不能准确地确定这种恶行和报应之间的关系，并从中得出具有启发性的结论。唯有在我们面前展现出一个个体完整的生活模式，唯有对一个个体的历史进行透彻的研究之后，我们才能发现这种联系，并指明错误的起源在哪里。

（四）无教养的本能

我们会将一些人的性格特征称为无教养或不文明，这种性格特征会在很大程度上显示出来。有很多人都属于这种类型，他们会有咬指甲、经常挖鼻子和其他一些举止，或给人以一种对吃有着无教养的欲望、饿鬼扑食的感觉。当我们看到一个人犹如饿狼一般地进食，并显露出他毫无节制、毫无羞耻的贪婪时，我们就能更加深刻地体会到上述的表现给人的印象。他发出很响的吃东西的声音！他的胃就如同深渊一样，消灭了每一口食物！他有着飞快的吃东西的速度！饭量又非常大！同时，他总是吃个不停！难道，那些若不吃点什么东西就难受得要死的个体你没有见过吗？

肮脏和杂乱是另一种无教养的表现形式，那些因事务繁忙而不拘泥于小节的人，或正在勤奋工作的人可能表现出的杂乱无章并不包括在内。我们所指的这种人总是游手好闲、常对所有有用工作表现出敬而远之的态度，却总是表现出杂乱和肮脏。看上去，这些个体似乎是故意制造出凌乱的状态和对他人无礼的行为，另外，他们的性格特征与他们本身紧密联系在一起，因此当我们想到他们的同时无法撇开他们的性格特征。

这些只不过是无教养的人所表现出来的外在特征。我们通过这些特征可以清楚地知道，他们愿意做的事情并不是遵守游戏规则，而是拉开与其他人的距离，与别人分道扬镳。由于这些人具有这样的无教养的行为，因此我们可以坚信，他们极少会对同伴有多大用处。大多数的无教养行为都起源于儿童时代，原因在于，几乎所有儿童的发展都不是一帆风顺的，不过，有些成年人却从未克服这些儿童的特征。这些无教养的人，或多或少都会表现出厌恶与其同伴接触的倾向。那些缺乏教养的个体都希望保持自己与生活的距离，同时都不愿意与他人进行合作。对于那些要求他们放弃这些不文明行为的说教，他们总是置之不理，其实这也很容易理解，因为当一个人不愿意遵守生活中的各种规则时，其实，他的一些表现，如咬指甲、挖鼻孔或诸如此类的特征都是没有错的。的确，要躲避与他人接触，没有一种更行之有效的方法了，因此他们总是把衣领污黑的衣服或是污迹斑斑的衬衫穿在身上，以便达到这一目的，这或许是最好的办法，此外便别无他法。

倘若，他每次出现在人们面前都是以这种方式，那么，还有什么其他方法可以使他招致更多的批评、更严厉的谴责和更加引人注意呢？或者，还有什么途径可以让他更为顺利地逃离爱情或婚姻的桎梏？理所当然，他不会取得竞争的胜利，而与此同时，他总能找到各种各样的实际理由，他也总是谴责他的无教养，他还义正词严地宣称："我什么事情都能做成，如果我没有这种坏习惯的话！"可同时，他又低语着他自己的申辩："不过，不幸的是，这种坏习惯却存在于我的身上！"

我们不妨再看一个实例，在这个病例中，无教养的行为充当了一种自我保护的工具，并被用来压迫环境。这是关于一个22岁仍尿床的姑娘的实例。在她的大家庭中，她是排行倒数第二的孩子，母亲对她十分关爱，因为她体弱多病，所以她也特别依赖母亲。她总是竭尽所能地让母亲守护在自己的身边。白天，她使用的办法是"焦虑状态"；夜里，恐惧和尿床成了她的法宝。一开始的时候，对她而言，这自然是一种胜利，并且慰藉了她的虚荣心。为了使母亲陪在她的身边，她甚至以兄弟姐妹为代价，她做出了各种错误的行为。

在这个女孩身上存在着一个特别之处，那就是她无论如何都不能交到朋友，更无法走入社会，亦无法入学。每一次必须离开家门时，她必定会显得焦虑不安，即便长大成人之后，晚上必须外出办事时，对她而言，独行夜路也是一件十分痛苦的事情。每每回到家，她都是精疲力竭、焦虑不安，她会把路上所碰见的各种危险遭遇和悲惨故事说出来。从中我们可以看出，这一切特征都意味着，这个年轻的姑娘希望一直留在母亲的身边。可是，迫于经济条件的压力，她最后还是必须外出工作。终于，她被迫走出家门去上班，然而，只过了两天，她尿床的老毛病又发作了，雇主对她的恼怒迫使她不得不放弃了工作。母亲狠狠地责备了女儿，因为她不能理解女儿这种疾病的真正原因。接着，这个年轻姑娘就企图自杀并被送到了医院；此后，她得到了母亲的誓言，母亲再也不会离开她。

“尿床”“对黑夜的恐惧”“对独自一人的恐惧”及“自杀的企图”，所有的这一切都指向相同的目标。对我们而言，这一切意味着：“我必须待在母亲的身边，或者，我必须一直得到母亲的关心和爱护！”尿床这一无教养的习性，就在这种方法的维护下获得了健全的意义。现在，我们已经认识到，我们在对一个人做出判断时，可以以这些不良的习性为根据。此外，我们还可以知道，只有当我们依据病人的生活环境完全理解病人的来龙去脉之后，才能消除这些错误。

儿童为了获得别人的注意，往往会做出一些令人无法想象的事情。比如图中所示：如此大的儿童居然还存在尿床的习惯。对于这样的一种表现，成年人往往会变得手足无措，因为儿童对于尿床这样的一种表现已经是经过伪装了。虽说令人不可思议，但还是让成年人一时之间慌乱无措。

一般来说，儿童为了获得周围成人的注意，会有一些不文明行为和不良习性，这是我们时常可以见到的。有些想扮演重要的角色或向他们的父母显示出自己有多么虚弱和无能的儿童经常会使用这些方法。这些儿童会在摆放陌生人位置的时候表现得很差，这种普遍存在的特征也蕴含着相类似的意义。客人若是进入家门，有时候那些品行优秀的儿童宛如魔鬼附体一般，极尽调皮捣蛋之能事。这些儿童想要扮演某个角色，同时，只有在他们认为这种目的圆满达到的情况下才肯罢休。这些儿童长大成人后，在逃避社会的要求时，也会利用这些不文明的行为，或者，通过在他人的交往中设置障碍来破坏公共福利。所有这样的表现之中，都潜藏着专横的充满野心的虚荣心。只是，对于这些表现，我们不能认清其诱发的原因和所要达到的目的，因为这些表现形式各异且经过了很好的伪装。

第四章　其他性格表现

（一）兴高采烈

我们已经注意到一点，我们可以轻松地估量出每一个人的社会感，只要我们知道一个人在多大程度上准备服务于他人、帮助他人和给予他人欢乐即可。如果一个人具有某种给别人带来欢乐的才能，他就会显得妙趣横生。我们更易于被快乐的人接近，在感情上，我们觉得他们更富有同情心。我们似乎可以通过直觉认为，这些特征表明了他们具有高度发展的社会感。他们从不愁眉紧锁、忧心忡忡，从不将自己的烦恼传染给他人，他们总是兴高采烈的。只要与别人相处时，他们就会流露出兴高采烈的神情，并用自己愉悦的心情感染别人，使生活也因此而变得更为美丽，也更加有意义。通过他们的行动、他们待人处事的态度、他们说话的语调、他们对他人利益的关注及他们全部的外在表现、举止风度、愉悦的心理状态和笑声，人们可以意识到“他们是好人”。作为一个高瞻远瞩的心理学家，陀思妥耶夫斯基曾经说过：“如果想认识一个人的性格，通过一个人的笑比通过一种乏味的心理学调查来得更加容易。”联系可以因笑而建立，也可以因笑而摧毁。那些嘲笑他人不幸的带有攻击性的笑声，相信我们都曾听到过。因为远离联结人类的固有纽带，有些人竟不拥有笑的能力，而他们给予或表现欢乐的能力也随之丧失了。此外，还有另一部分人，他们不能把任何欢乐带给别人，这是因为，无论他们置身于何种境况中，他们只会感到阴云密布，感受到痛苦的生活。他们存在于世界上，来来往往，好像就是要把所有欢乐的灯盏熄灭。他们根本不会露出笑脸，要笑的也许只有在受到强迫的时候，又或者，即使他们笑了，那可能只是他们希望给向人们展示的一种表象。如此看来，同情和反感的感情的秘密，就是我们可以理解的了。

有些人恰恰与这种富有同情心的人相反，他们败坏他人的兴致，并且总是对他人横加干涉。这个世界，在他们眼中就是悲哀和痛苦的无底深渊。他们勉强度日，似乎对生活的重负早已不堪忍受了。他们夸大了每一个小小的障碍，在他们眼中，未来变得暗淡无光且令人沮丧，更重要的是，在别人欢天喜地时，他们会不惜一切也要把卡珊德拉式的悲哀预言说出来。他们是不折不扣的悲观主义者，无论对他们自己还是对别人都是如此。在他们周围，若是有人得到了幸福，他们马上就会心神不宁，焦躁不安，他们总是企图发现事情令人沮丧的一面，对此他们乐此不疲。他们不仅借助语言，还利用干扰性的行动去促成这种不幸的发生，他们希望以此阻止他人快乐的生活及享受人类间的友谊。

（二）思维过程和表现方法

有时，人们会觉得某些个体的思维过程和表现方法是如此地矫揉造作，所以我们不可能感觉不到这一点。有些人的想法和言谈举止，会使人感觉好像一些警句和格言就浮动在他们的思想地平线上。他们只要一开口说话，你就能知道他们将要说些什么。他们所说的话，似乎取自于最糟糕的报纸上的陈词滥调，而且他们的话听起来就像是一本廉价的小说，此外，俚语、行话或技术性的词汇充斥在他们的话语中。通过这种表达方式，我们可以更好地了解某一个人。有一些他们所使用的语言或词汇，是人们不曾使用或不能使用的。在每一个句子里，都能找到他们粗野而庸俗的风格，就连说话者本人也会因此倍感诧异。这证明，说话者在使用这些词汇和表达方式时，根本不会想到他人对此可能做出的批评。当他们不假思索地用从通俗小报和电影中学来的陈词滥调或俚语来回答每一个问题时，他们其实是在判断和批评他人缺乏同情心。无须赘述，这些人不能用任何别的方式进行思考，同时他们心理和智力的迟钝也被这种思维方式所证明了。

（三）学童的不成熟性

我们经常可以碰到这样一些人，他们在学生时期就已经停止了发展，而且从未达到过“中学”阶段，这就是他们给人留下的印象。不管是在家里、工作中，还是在社会上，他们都好似学童，急切地倾听，同时在迫不及待地抓住发表自己见解的机会。对于在各种聚会中提出的问题，他们往往急于回答，他们似乎想让每个人都知道在这个话题上他有很多知识，并等待着别人给他们一个很高的评价。唯有在固定的生活形式中，他们才能感到安全，这正是这些人的关键问题。他们若是发现身处一种学童的行为已经完全不够用的情形中时，他们的内心就会被焦虑不安和重重疑虑所占据。在各种知识阶层的人中，都出现了这一特征。在缺乏同情心的情况下，他们往往表现出枯燥乏味、严肃古板和难以接近的特征，或者，他们极力扮演一个精通各种知识的角色，仿佛每一学科包括其基本原理他们都很精通，而且一切都可以依据先决的法则和公式推演出来一样。

（四）学究型及奉行原则的人

我们发现，一个有趣的例子就是“学究类型的人”，在对所有的活动和所有的事件进行分类整理时，总是依据一个他们认为放之四海而皆准的法则。对这一法则他们笃信不疑，也绝不会废除这一法则。同时，一旦有些事情无法用这一法则做出解释时，他们就会感觉不舒服，他们是不折不扣的枯燥乏味的学究。对此我们已颇有印象，由于自己总是心神不宁，总有一种不安全感，因此他们觉得必须把所有的生命和生活都体现在一些法则和公式中，只有这样，他们才不会对生命和生活感到恐惧和不安。当一种没有法则和公式的情况出现在他们面前时，逃跑是他们唯一的选择。倘若他们遇到自己并不精通的法则，那么他们就会像受到伤害一样感到不悦。无须赘言，通过这种方法人们试图获得极大的权力。比方说，我们一定能在数不胜数的反社会的“拒绝服兵役者”的情形下明白，这些过分的个体动机就是无限制的虚荣心和无止境的对法则的欲望。

即使是那些勤奋刻苦的优秀工作者，也会表现出一种明显的枯燥乏味的学究态度。他们毫无创造性可言，他们兴趣范围狭窄，但满脑子都充斥着奇怪的念头和想法。打个比方，他们可能会形成这样一种习惯，总是行走于楼梯的外侧或只在人行道的裂缝处行走。

他们不肯走出自己熟知和习惯了的领域。而另一些人会在自己习惯的道路上不顾一切地继续走下去。这种类型的人对生活中真实的事情也不会抱有什么同情心。他们为了制定他们的原则浪费了许多时间，或迟或早，他们将使自身与他们周围的环境变得不再适应。当他们没有经历过的新情况出现时，他们马上就会无计可施，因为他们对这种新情况根本就毫无准备，更不可能去解决它，同时也是因为他们相信，什么事情都无法在没有法则和公式的情况下完成，从宗教的角度来看，他们会严格地避免任何一种变化的发生。比如，对他们而言，在适应了冬天之后就会觉得适应春天是很困难的，这是因为，他们已经为适应冬天付出了相当多的时间和精力。更温暖、开阔的狂野会将他们心中的恐惧感激发出来，与他人进行更多的接触也会让他们感到害怕，于是他们心头就会萌生一种更糟糕的感觉。这些就是抱怨春天的到来使他们感到不适应的人。他们只有竭尽全力克服重重困难才能适应新的环境，所以他们所选择的都是那些对创造性要求不高的工作。如果他们不改变自己的话，那么，他们是不能胜任职位并获得升迁机会的。这些性格特征并非是通过先天的遗传而得来的，也不是完全不可以改变的，这仅仅是一种对生活的错误态度而已，这种态度在他们的心中占据支配的地位，从而彻底地控制了他们的人格，以致最终这样的个体并不能摆脱这些内在的偏见。

（五）顺从

对于那些要求创造性的职位，那些受到奴性精神渗透的人是无法适应的。在遵守别人的命令时，他们才会感到心安理得。具有奴性的个体按照他人的法则和法律来生活，而且，这种类型的人几乎是不由自主地去寻求卑躬屈膝的职位的。我们在各种各样的生活关系中都能发现这种奴性态度。这种奴性态度可以从许多方面表现出来，比如从打躬作揖的姿态中就可以推测出这种奴性的存在。他们在别人面前点头哈腰、打躬作揖，对于每个人的话他们都仔细地聆听，他们这样做的目的并不是要进行衡量和考虑，而是为了更好地执行他人的命令，同时对他人的感情予以回应和首肯。顺从被他们视为一种荣誉，这种态度甚至会达到一种完全难以置信的程度。在服从他人的过程中，他们可以得到所谓的真正的快乐。我们的意图并不是说，理想的类型应该是那些一直渴望统治别人的人，我们只是希望揭示出，那些只有在顺从中才能找到解决生活问题方法的人的阴暗面。

可以这样说，对很多人而言，生活中的一条法律即是顺从。我们所说的并不是仆从阶层，我们只是想谈一谈女性在这方面的情况。在许多人看来，女人必须懂得服从是一条无明文规定但却已根深蒂固的法律，这是固定不变的信条，并得到了许多人的赞同。他们相信，服从就是女人的天性。这种观念毒害和破坏了所有的人类关系，可是，要想清除这些迷信却困难重重。因为它有着众多的信从者，甚至在女性中也有很多人觉得她们必须遵守顺从的法则并认为这是一条“永恒不变的定律”。然而，没有人曾经发现从这种观点中获得任何好处的情况。或迟或早，可能就会出现这样的抱怨：可能每件事都会在女人不是如此顺从的情况下变得更好。

通过下面的实例可以表明，人类的心灵也将在不存在反抗的情况下变得顺从，一个温顺的女人迟早都会变得富于依赖性，并失去生机，从而变成一个对社会毫无价值的人。这个女子为了爱情而与一个名人走到一起，她和丈夫完全认同上述信条。慢慢地，她完全化为一台机器，对她而言，除了没完没了地服务、顺从于她的丈夫，承担家庭的责任之外，再没有其他的了。在她的生命中，找不到任何独立的姿态。对于她的百般顺从，她周围的人也早已习以为常了，更不会有人提出特别的异议，然而，没有人从她的这种默默无闻中获得了任何益处。

由于这是一个发生在较有文化的人中的实例，故而这个例子并未造成更加严重的障碍。不过，我们不妨想想，对大部分女人来说，顺从是她们不言而喻的命运，由此，我们可以认识到，在这种观念之中，潜藏着诸多引起冲突的原因。一个丈夫一旦认为这种顺从是理所当然、天经地义的，那么它可能在任何时候引发冲突，原因在于事实上不可能存在这种完全的顺从。

我们发现，这种顺从渗透于一些妇女的灵魂中，致使她们要寻找那些看起来专横或残忍的男人作为她们的丈夫。或迟或早，公开的战争会因这种不正常的关系而爆发。有时，人们的脑海中会形成这样的印象：这些妇女故意要使妇女的顺从显得荒谬，并证明这种行为的愚蠢。

我们已经知道了克服这些问题的方法。生活在一起的一个男人和一个女人，“伙伴式的劳动分工的条件”是他们生活的必要条件，任何一方都不该服从于另一方。如果这暂时还是一个美好的理想，它至少为我们提供了一个评估个体文化进步程度的标准。顺从问题不仅在两性关系中扮演了一个重要的角色（女性难以摆脱男性带给她们的无法解决的负担），同时，在国家生活中，它也扮演着一个重要的角色。

古代文明将整个经济制度都建立在奴隶制的基础之上。或许，奴隶家庭是今天大多数人的起源。每个阶级的人，在数百年的发展中都生活在彼此的隔绝和对立之中。其实，直到今天，种姓制度仍然留存在某些人的心目中，同样存在的还有顺从的法则和一个人对另一个人的奴役，同时，一种特定类型的人大概在任何时候都可以因此而派生出来。在古代，人们习惯于相信，劳动是专属于奴隶们的相对低等的事情，主人的双手则无须因普通的劳动被弄脏，而且，主人拥有性格上所有有价值的特征，且是发号施令者。“出类拔萃的人”组成了统治阶级，这也就是古希腊语中的“Aristos”（贵族）的意思。贵族政治（Aristocracy）是“出类拔萃的人”操纵的政治，然而，美德和品行并不能决定谁是这种“出类拔萃的人”，他们完全是由权力决定的。只有在奴隶中间才有必要接受关于美德方面的检验和分类，而那些拥有权力的人才是贵族。

在现代社会中，先前存在的奴隶制和贵族政治仍然影响着我们的观点，人类需要变得更为亲密的需要已经使所有这些制度的意义和重要性丧失了。但出类拔萃的人的统治和其他所有人的屈从，是尼采——一位伟大的思想家所提倡的。时至今日，要想把那种主人和奴隶的区分从我们的思维中消除掉，并达到人人“平等”，依旧是十分困难的。可是，提出人人平等的观念就已经是一大进步了，它能帮助我们，并可以阻止我们在行动上犯下巨大的错误。虽然奴颜婢膝已经成为一些人无法摆脱的“标志”，致使他们如果想获得满足，就只有以对他人感恩戴德并求得他人的原谅为前提，甚至会为自己在世界上存在而表示歉意，但我们不能被表面的现象所蒙蔽，而认为他们这样做是快乐的。事实上，他们在大多数时候会觉得自己很可悲。

（六）专横

与我们刚刚描述的奴颜婢膝的个体相对应的，是十分着急扮演主角的、希望占有支配地位的专横的个体。在生活中，只有一个问题是他们所关心的，那就是：“我要怎样做才能超越他人？”这种角色在生活中不可避免地会遭遇各种各样的失望和挫折。如果专横者的角色不带有太多敌意的侵犯和活动的话，那么它在某种程度上还是有用的。你一定会发现，专横者总会在我们需要一个指挥者时应运而生。这种专横的个体总是寻求那些有利于发号施令和组织指挥他人的工作。

当一个国家处于动荡的年代或处于改革的时期，此种专横的本性就会浮出水平面。同时，“只有这样的个体才能够出人头地”，这是很容易理解的，因为他们具有恰如其分的姿势、态度和欲望，而通常这些正是作为领导角色所必不可少的。他们往往在自己家庭中就已经习惯于发号施令了。不管什么样的游戏都不能使他们满意，除了扮演国王、统治者或将军的角色之外。哪怕是最微小的事情，若是有别的一些人在发号施令，这些个体就会无法忍受。这会成为他们的外在表现，如果要他们遵守他人命令的话，他们就会激动不安、万分焦虑。在和平年代，无论在生意中还是社会中，他们可以成为某些小群体的主宰者，他们总是把自己推到前台的位置，他们总是出现在最引人注目的地方，并且有很多话想说。只要生活中的游戏规则不受他们的干扰，即便我们并不同意当今社会对他们所持有的相对过高的评价，我们也并无任何异议。由于在有序的行列中，他们不能扮演好自己的角色，不能作为一个普通的一员，他们不会努力成为一个好队友，所以他们也仅是一些站立在生活深渊边缘的人。在他们的生活中，他们一直都会处于极度紧张的状态，他们会永无宁日，直到他们自己的优势可以通过某种方式得到证明为止。

（七）情绪及气质

如果一种心理学认为，人对生活和工作的态度在很大程度上依赖于由遗传而获得的情绪或气质，那么，这就是一种错误的心理学。情绪和气质并不来自于遗传因素，而是来自于过度虚荣以及过于敏感的本性之中，这种虚荣和敏感的本性会通过各种方式表现出对生活的不满。这些个体的过分敏感就像伸开的触角一样，一遇到新的情况时，他们是不会轻易涉足的，他们会用这些触角先进行一番探测。

不过，似乎有一些人总是沉浸在欢乐的情绪之中。他们千方百计地营造一种欢快的氛围，强调生活中光明的一面，并以此作为他们生活的必不可少的基础，而且其表现形式也不拘一格，他们中的一些人具有孩子气的欢乐，同时，这种孩子气中存在着某些很感人的东西。他们对此并不是采取逃避的态度，而是以某种游戏的、孩子气的方法对待自己的工作和任务，就像在游戏或猜谜中一样去解决他们的工作中所遇到的各种问题。或许，与这种态度的人相比，再没有更富有同情心和更为美丽迷人的人了。

然而，他们中的一些人，也有欢乐过了头的。在对待相对严肃的情况时，他们却用了相同的孩子气的方法。有时候，这种与严肃认真的场合并不相符的轻浮态度，会给人留下糟糕的印象。对他们的这种工作方式，人们不仅会产生疑惑并会得出这样的印象——他们实在是太不负责任了，因为他们总是以一种轻蔑的眼光来看待各种困难。结果，真正困难的工作中没有了他们的身影，而通常情况下，他们也会主动避免困难的工作。不过，接下来在讨论另一种类型的人之前，我们不得不对他们表示赞扬，因为与他们一起工作是让人愉快的一件事情，与终日哭丧着脸的那些人形成了鲜明的对照。那些悲观主义者总是心怀不满的情绪，总能看到生活中阴暗的一面，与他们相比我们更容易把欢乐的人争取过来。

（八）厄运

在心理学中，有一个不言自明的道理：无论是谁，如果他无视甚至反对共同生活中的绝对真理和逻辑，他迟早会在生活过程中感受到某种来自生活的反击。一般来说，当这些个体犯下这些严重错误后，他们并不会及时从中吸取经验教训，他们只会把不幸看成是个人遭受的厄运，一种降临到他们头上的不公正。他们终其一生，都在对别人讲述他们遭遇了什么样的厄运，极力证明他们之所以从未取得成功，主要是由于他们想做的每件事情都不幸被厄运所破坏。从这些不幸的人身上，我们甚至可以发现他们为自己的厄运感到自豪的倾向，就像造成这种厄运的是某些超自然的力量一样。

若对这种观念进行更仔细的考察，你就会发现，在这里发挥作用的依然是虚荣和野心。从这些个体所表现出的状态来看，就好像一些凶神恶煞专门对他们进行迫害一样。他们相信，他们会是雷雨中那无情的闪电选中的对象。如果发生盗贼行窃的事件，他们会担心盗贼光顾的是自己的家。假若发生了什么不幸，他们确信将要遭殃的人最终还是他们。

如此地夸大事实，也只有那些把自己作为所有事件中心的人才可以做到。时常遭受厄运，从表面上来看似乎是一种不幸，然而，当某个人实际上感觉到所有敌对力量都只注重对他显出报复心时，其实，起作用的仅仅是顽固的虚荣心罢了。当然，这些个体在童年时代就深受紧张和痛苦的折磨，他们相信，“强盗、杀手和其他令人不快的家伙”一定会不请自来，当然还有鬼魂和幽灵之类的怪物，似乎所有这些人和幽灵的工作就是迫害他们，除此之外，他们无事可干。

可以预料的是，他们的态度可以通过外在的举止姿态而表现出来。他们躬腰驼背，就像所有的重担都压在他们肩膀上一样。这不禁让人想起希腊神殿的大力神凯勒亚蒂斯（Kellermaniatis）。凯勒亚蒂斯被压在门廊的石柱之下，永世不得翻身。他对每件事情都看得过重，且过于悲观。如此，就不难理解为何每件事情都会在他们身上出错了。厄运之所以会降临在他们头上，是因为他们既折磨了自己又折磨了他人。他们不幸的根源就是他们的虚荣心。对他们来说，遭遇不幸也是一种获得别人重视的方法。

（九）宗教狂热

一些人总是会对生活和他人产生误解，而宗教成了他们最终的归宿，他们在宗教的名义下，继续做以前所做的一切。自怨自怜的他们，把自己的痛苦转移给至高无上的上帝。关心他们自己，是他们的全部活动。他们相信，在这个过程中，格外受人敬重和崇拜的上帝会完全专注地服务于他们，并且他们的所有行动也都由上帝负责。在他们的观念中，通过人为的方法，比方说依靠一些特别虔诚的祈祷或别的宗教仪式，上帝就可以与他们有更为密切的联系。总之，除了关心他们的麻烦、对他们表示关怀照顾外，亲爱的上帝就再也不会理会其他的事情，也不会去做其他的事情了。如此多的异端邪说存在于这种类型的宗教崇拜中，所以，旧时代的宗教法庭若是死灰复燃的话，有可能最先被烧死的，就是这些极端的宗教狂热分子。他们像对待同伴一样对待上帝，怨声载道、悲哀哭泣，可是他们却从不动一根指头去帮助他人。在他们的感受中，相互合作只是他人应尽的义务。

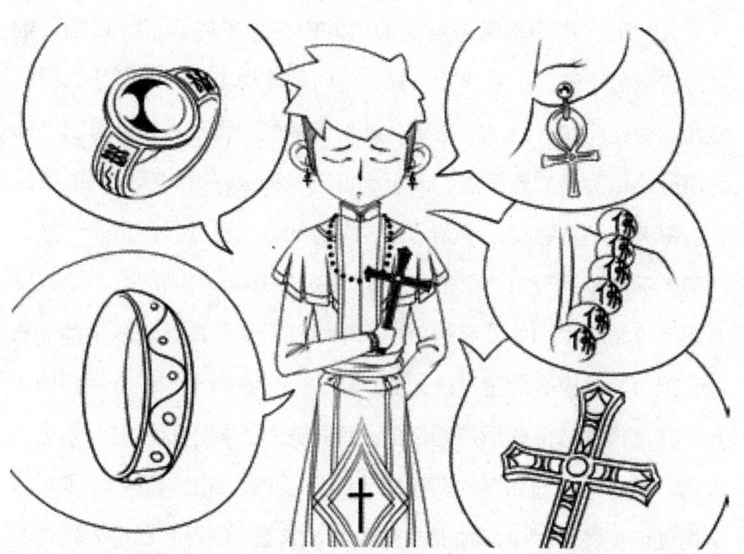

很多人以为依靠一些象征物、仪式，就可以使其与上帝之间的距离拉近，建立一种密切的联系。图中男人为了能够得到上帝的庇佑，不管三七二十一，只要与宗教与上帝搭边的配饰便戴在身上。这样一种盲目的方式只是一种自我麻痹和自我安慰。

这种虚荣的自我中心主义可达到的程度，可以从一个18岁少女的故事中得到说明。这个少女很不错、非常勤奋，尽管她很有野心。她的野心在她的宗教信仰中充分地表现了出来，在进行每一个宗教仪式时，她都表现出极大的虔诚。

有一天，由于她觉得自己的信仰中有太多的非正统思想，她觉得自己已经破坏了戒律，头脑中不时地浮现出邪恶的想法，所以她开始为此而谴责自己。结果，她整天都极为粗暴地指责自己，她对自己的指责是如此强烈，以至于每个人都觉得她的精神已经错乱了。每天，她都跪在一个角落里，痛苦地对自己进行指责，可是，任何人都找不到理由为哪怕一件小事去指责她。有一天，一个牧师企图消除她心中那些罪恶的负担，他对这个女孩说，她迟早都会获救，因为她从未真的犯过什么罪。第二天，在街上，这个年轻的少女站在这个牧师面前厉声指责他，说他这种人根本就没有资格进入教堂，因为他把她罪恶的负担已转移到了他的肩上。我们无须对该实例进行更多的讨论，她那在宗教外衣掩盖下的野心已经表现得淋漓尽致，她在虚荣心的影响下，变成了评判美德、邪恶、圣洁、堕落、善恶的法官。

第五章　情感与情绪

我们先前所说的性格特征经过强化了的形式，即是情感和情绪。一种突发性的发泄（在某种有意识或无意识的需要的压力之下存在）是情绪的表现方式。同性格特征一样，一种确定的目标和方向是它们所共有的。我们可以将其称为在一定时间界限内的精神活动。情感绝非不能解释的神秘现象，只要同个体给定的生活方式和先决的行为模式相适应，它们就会产生。它们的目的在于改变它们所产生于其中的个体的境遇，使其符合个人的利益。情感和情绪属于强化了的更为剧烈的心理活动，当个体放弃其他达到目的的机制，或已对其他达到目标的可能性丧失信心的时候，它们就产生了。

我们在这里所讨论的是这样一种个体，他们肩负着自卑感和不满足感，这种自卑感和不满足感使他们必须重新集中精力、抖擞精神，做出超过必要限度的更大的努力。他们相信，通过自己的不懈努力，完全有可能引起公众的注意，而且还可以证明自己是一个胜利者。就如同没有对手就无法愤怒一般，不存在胜过敌人的目的，愤怒的情绪也就无从谈起。在我们的文化中，人们要想达到目的，依然可以依靠这些强化了的精神活动方式。假如通过这种方法获得承认的可能性很小，那么，在我们的身上就很少会爆发出这种情绪。

有些个体，对实现自己目的的能力尚无足够信心，他们并不会由于自己的不安全感而放弃自己的目的，相反，他们会企图依靠更大的努力和辅助性的情感和情绪的帮助而接近他们的目的。被自卑感伤害的个体所使用的正是这种方法，通过这种方法他们重新获得了力量，并试图用一些残酷、不文明的野蛮人的方法来实现他们梦寐以求的目标。

因为情感和情绪与个体的本质之间存在着紧密的联结，所以它们绝非单个个体独有的特征，在所有人当中，它们都会或多或少地存在着。每个个体都会在被放到合适的境遇中时，把特定的情绪显现出来，我们可以将其称为“情绪能力”（faculty for emotion）。

在人类生活中，情绪是必不可少的一个组成部分，这些情绪都是我们能够体验到的。如果我们可以对某个个体有相当程度的了解，我们就可以比较准确地推测出他常有的情感和情绪，即便我们从不曾真正地与他进行接触。很自然，情感或情绪这种根深蒂固的现象，也会对身体产生某种影响，因为肉体和心灵本来就是密切地结合在一起的。血管和呼吸器官中多种多样的变化，如满脸通红、脸色苍白、脉搏加快和呼吸异常等，都是伴随着情感和情绪的出现而出现的生理现象。

（一）分离性情感

A. 愤怒

力争权力和统治的名副其实的象征，就是愤怒这种情感。这种情绪清楚地表明，其目的在于迅速而有力地将横亘在愤怒者前进道路上的一切障碍都消除掉。我们已从之前的研究中得知，愤怒的个体都是全力以赴地使用其所有的权力来追求优越感的人。有时候，为获得人们的认同感而付出的努力常常会蜕化成一种对十足的权力的迷醉。在这种情况下，我们可以预料到的是，只要权力意识受到一点点贬低，他们就会勃然大怒。他们相信（或许是以前经验的后果），通过这种方法，他们可以很容易地自行其是，并将其敌人征服。这种方法并非建立在很高的知识水平之上，但是，在大多数的实例中，它的确发挥了有效的作用。对大多数人而言，并不难记起他们是怎样通过偶尔的狂怒来获得他们的威望的。

在很多情况下，愤怒也是合情合理的，不过，这些合乎情理的愤怒并不是我们在这里所要考虑的。我们所谈到的愤怒，是一种习惯性的、无时不在的情绪反应。有许多人实际上已经愤怒成性，因为，在面对各种问题和困难的时候，只能用这种方法来对付，除此之外他们没有别的方法。他们是傲慢、高度敏感的人，他们绝不能容忍居于别人之下或与他人平分秋色，能够让他们感到愉快的，只有自己高人一等。结果，他们总是以尖锐灵敏的目光处于高度的警惕状态之中，生怕某人太近于他们，或是没有对他们给予很高的评价。最易与他们的敏感联结在一起的性格特征，就是不信任。他们发现，很难去信任任何一个同伴。

我们发现，其他一些性格特征，也与他们的愤怒、敏感与不信任共存，且紧密相连。很容易想象，每个格外野心勃勃的个体因为对每一种严肃的工作都感到畏惧，因此自己也就不能适应社会。如果他不能得到他想要的东西，那他只有一种反应的方式。他会用愤怒表示他的反抗，但通常，这种反抗对他的环境而言是一种是痛苦的方式。比方说，他可能会把一面镜子砸碎，或是把贵重的花瓶摔得稀巴烂。等事情过去之后，倘若他说自己对自己的所做所为一无所知，并渴望别人的原谅，那么他自然得不到人们的完全信赖。他具有十分明显的要伤害他的环境的欲望，因为他总会寻找那些值钱的东西来毁坏，而一文不值的东西，却从不会成为他宣泄怒气的工具。由此可见，他的行动是有计划地进行的。

在小圈子里，这种方法的运用虽然可以获得某种程度的成功，然而，圈子一旦扩大，这种方法就会失去其原有的作用。所以，这些愤怒成性的人往往会发现自己无时无刻不在与这个世界发生冲突。

伴随着愤怒这种情感的外在态度是如此普遍，只要提出狂怒这种形式，我们的脑海中立即就可以形成一个易怒之人的形象及其所作所为。他们身上存在着十分明显的对世界的敌意态度，这种愤怒情感几乎意味着“对社会感的完全否定”，同时，对权力的追求也会淋漓尽致地表现出来，甚至置敌于死命也完全是可以想象的。

我们必须运用我们有关人性的知识来对我们所观察到的各种各样的情绪和情感加以解释，因为一个人的性格最明显的指示物就是情感和情绪。所有那些性情暴躁的、愤怒的、尖刻的个体，都应当被我们视为社会的敌人，甚至生活的敌人。此外大家还必须注意，他们对权力的追求是建立在自卑感的基础之上的。任何对自己的力量有充分认识的人，都没有表现出这些攻击性的暴力活动和姿势的必要。这是一个从来都不容忽视的事实。全部的自卑感和优越感，都会在愤怒的宣泄中表现得淋漓尽致。这是一种廉价的伎俩，个体在提高个人身价时，是以他人的不幸为代价的。

酒精是助长暴躁和愤怒的最重要的催化剂之一。通常很少量的酒精就可以点燃愤怒的火把。文明的抑制作用可以被酒精所减弱或消除，这是众所周知的。此时，个体就像一个未受到教化的人，完全失去自我约束能力，也完全不顾及他人的感受。在没有受到酒精影响的情况下，他可以通过巨大的努力将他对他人的敌意隐藏起来，同时使自己的敌对倾向得到抑制。可他真正的性格会在他喝醉时暴露出来。不能与生活和社会相适应的人往往最容易对酒精上瘾，这绝非是什么偶然的事情。在迷醉中，他们可以寻找到某种程度的安慰和忘却，同时，他们也能为自己未能实现目标而寻找各种借口。

发脾气在儿童中间比在成人中间更加常见。有时候，儿童会因区区一件小事而怒气冲冲。这是因为儿童具有更为强烈的自卑感，在这种自卑感的驱使下，他们会以一种更为明显的方式去追求权力。事实上，一个愤怒的儿童所追求的是获得承认。因为在他看来，他所遇到的所有障碍即使不是不能克服，至少也是格外困难的。

当愤怒的情绪超出了一般的咒骂和恼怒的限度时，就有可能给愤怒的人自身造成伤害。在这里我们可以提一提自杀的情形。通过自杀，我们可以看到当事人给亲人或朋友带来的伤害，并且这种报复自己的行为，指向的是自己所遭受到的某些失败。

B. 悲伤

当某人因为失去或被剥夺走某些东西，而不能自我安慰时，就会出现悲伤这种情感。悲伤和其他的同时出现的情感可以作为对不悦感或虚弱感的一种补偿，它相当于一种获得更好境遇的企图心。在这个方面，悲伤的价值和发脾气具有同等的价值。而它们的不同点只是在于，它们是由不同的刺激而产生的，且显现为不同的态度，同时使用的方法也不同。悲伤中也存在对优势的追求，这一点和其他所有情感没什么分别。愤怒的个体所追求的是贬低对手而高估自己，而且，他愤怒的对象是他的对手。而悲伤仿佛是一种在精神前线的退缩，它是随后的扩张的先决条件，正是在这种扩张中，悲伤者获得了他个人的提升和满足。然而，即便这种形式不同于愤怒的情形，但这仍然是一种作为发泄而存在的满足，是一种针对其环境而获得的满足。悲伤之人经常会怨声不绝，且在这种抱怨中建立了他和同伴的敌对关系。即便悲伤是一种与生俱来的天性，但将这种悲伤过于夸大，则是一种对社会的敌对态度。

悲伤的人因为周围人对待他们的态度而抬高自己。众所周知，悲伤的人很容易得到了别人自愿的服务、同情、支持和鼓励，别人也会竭力地使他们过得幸福，因此他们的实际生活和工作可以变得更为轻松。如果通过眼泪、哭泣和悲伤能够成功地使心理得到发泄，那么很明显，悲伤的人可以很轻松地反对事物的存在法则，从而把自己凌驾于其环境之上，他们使自己成为现有秩序的法官、批评者或控诉者。由于悲伤，这个诉苦者向他的环境要求的东西越多，他所要求的权力就会变得越突出。悲伤成了一种无法拒绝的理由，而把相关的义务和责任强加在悲伤者周围的人身上。

这种情感清楚地表现出了从软弱到优势的追求过程，同时，也表现出了个体维护其地位和逃避软弱感和自卑感的企图。

C. 误用情绪

只有发现它们是克服自卑感、提升人格和获得承认的有利工具，我们才能明白情感和情绪所具有的意义和价值，在精神生活中，个体显示其情绪的能力有着广泛的应用价值。这一点一旦被儿童弄明白，他们就可以用愤怒、悲伤或哭泣的方式来支配他们所处的环境，摆脱被忽视的感觉，他们会一次又一次地尝试着用这种方法来支配其环境。如此一来，他们轻而易举地就会陷入这样一种行为模式：在对无足轻重的刺激做出反应时，就会采用自己典型的情绪反应。无论何时，只要符合他们的需要，他们就会使用他们的情绪。

过分沉溺于情感当中并不是一种好习惯，而且有时候甚至会演变成病态。倘若这种情况发生在童年时期，我们发现，在他们长大成人之后，通常会误用他们的情绪。我们可以想象一下这种个体的形象，愤怒、悲伤和所有别的情感被他们当作木偶一样尽情地挥洒，就像一个游戏中的儿童一样。这种毫无价值的且常常是令人不悦的性格特征使情感失去了其真正的价值。每当这些个体无法得到他们想要的东西时，或每当他们的支配地位面临威胁时，这种玩弄情绪的倾向就会成为一种习惯性的反应。如果悲伤的情绪表现为号啕大哭，这就会让人感到极为不舒服，因为人们不禁会把当事人和大肆渲染的广告联系在一起。我们曾经见过这样的人，他们仿佛和自己过不去，非要竭力地表现出自己有多么地伤心欲绝。

有时候，这种误用会伴随着生理表现。我们都知道，有些人会因为愤怒而引起消化系统的强烈反应，并出现呕吐的现象，这种情况更是十分明显地表现出他们的敌对态度。这种悲伤的情绪往往伴随着拒绝进食的倾向，这样悲伤的个体最终会衣带渐宽，表现出名副其实的“悲伤者的形象”。

对我们而言，绝不能认为这类误用是无足轻重的事而对其漠然视之，因为他人的社会感因此而受到了侵犯。周围的同伴对当事人表现出友好的感情时，我们上述强烈的情感就会立刻终止。可是，有些个体不愿意停止他们的悲伤情绪，因为只有这样才可以得到他人的友情和重视，也只有处于这种状态下，他们才能真正感受到自己的人格得到了提高。

虽然我们的同情和愤怒在一定程度上与悲伤联系在一起，但它们仍然属于分离性的情绪，人们之间的联系并不会因此而更加亲密。由于这些情感使社会感受到了伤害，因此人们变得相互疏远了。不错，悲伤的情绪最终会导致人们的一种联合，然而，这绝不是一种正常发生的联合，因为联合的双方都没有做出贡献。社会感会因此而变得扭曲，迟早有一方必然要比另一方付出更多。

D. 厌恶

厌恶这种情感中也有极大的分离性的因素存在，即便这种因素在其他情感中表现得并不明显。从生理上说，当胃壁受到某种形式的刺激时，就会产生厌恶。可是，我们也可以看到，在人的身上也同样具有这种把某种事物排挤或“呕吐”出精神生活范围的倾向和企图。正是由此才表现出了这种情感的分离性因素。厌恶是一种反感、反对的方式。伴随着厌恶出现的痛苦反应意味着对环境的轻蔑态度和以放弃的方法来解决问题的姿态。这种情感很容易被误用，成为自己逃离不愉快情况的理由和借口。恶心的感觉是容易引起的，这种感觉一旦产生，当事者就理所当然地要逃离他身处其中的特定的社交聚会。任何情感都不能像厌恶这样“随叫随到”了。任何人在经过特殊的训练后，都可以轻而易举地发展出产生厌恶情感的能力，如此一来，一种原本无害的情感就会演变成反对社会的一种有力武器，或一种逃离社会的绝佳理由。

E. 焦虑与恐惧

在人类的生活中，焦虑是一种最重要的现象。这种情感之所以显得有些难以理解，是因为焦虑不仅同悲伤一样是一种分离性的情感，而且它还能在个体与同伴之间导致一种单向的联系。儿童会因恐惧而逃避一种情绪，结果却寻求另一个人的保护。焦虑这种情感不能直接证明任何优势——其实，它似乎表明的反倒是某种失败。人们在焦虑中，会尽力使自己显得渺小，然而，恰恰在这一点上，这种情感分离性的一面，也就是渴望比他人优越的一面，才变得明显起来。焦虑的个体逃入另一个人的保护之中，他们企图通过这种方式使自己变得强大，直到他们认为自己有能力直接面对并战胜自己所面对的危险。

从生理的角度讲，这种情感是一种有组织的、根深蒂固的现象，它反映的是一切生物都具有原始的恐惧感。由于人与生俱来的虚弱和不安全感，这种恐惧在人类身上表现得尤为明显。我们是如此缺乏与生活中的种种障碍相关的知识，这导致儿童永远无法使自己与生活协调一致。儿童所缺乏的东西，必须由别的人为其提供。儿童一旦进入生活就能意识到这些障碍，同时，他也开始受到生存条件的影响。他在为自己的不安全感寻求补偿的过程中，总是存在一种失败的危险，结果，他形成了一种悲观主义的哲学。所以，他的支配性的性格特征也被一种要他的环境为他提供帮助和照顾的愿望所代替。他越是不能解决生活中遇到的各种问题，他就会变得越小心谨慎。假若这样的儿童被迫迎难而上的话，他们会在心中萌生逃跑、撤退的念头。由于他们无时无刻不准备撤退，因此，很自然地，他们最普通和最明显的性格特征就是焦虑。

在焦虑这种情感中我们可以看到对抗的端倪，与模仿的情形一样，这种对抗采纳的方式并不是扩张性的，也不是直线式的。当这种情感出现病理性的退化时，它对灵魂产生的影响是不易被我们察觉的。我们可以在这些情形里清楚地意识到，焦虑的个体是多么渴求有人能伸出援手，把他人拉向自己并将其套在束缚自己的锁链上。

经过对这一现象的进一步研究，我们不得不把目光再次投向前面在焦虑的性格特征中已经讨论过的因素。我们在这种情形里要讨论的是这样一种个体，他们希望得到别人的帮助、需要别人时时刻刻都关注着他们。其实这完全等同于一种主人与奴隶的关系，他们要求别人随时出现并给他们提供帮助和扶持。通过进一步的研究，我们发现，许多人终其一生都在要求某种特别的认可。到目前为止，他们已经丧失了太多的独立性（由于他们和生活不充分、不正确的接触而导致的后果），致使他们在获取特权时，会采用一种更为强烈的方式。同时，他们的社会感也是极为薄弱的，无论他们多么尽力地寻求他人的陪伴。然而，若让他们把焦虑和恐惧显示出来，他们的特权地位就能被重新创造出来。焦虑可以帮助他们逃避生活的要求，并且也能帮助他们役使周围的所有人。最后，焦虑渗透在他们日常生活的所有的关系中，并且充当了他们获得支配权的一个最重要的工具。

（二）连接性的情感

A. 快乐

快乐作为一种桥梁可以弥合人与人之间的距离。快乐无法容忍人与人之间的隔离。快乐的表现可以是寻找一个同伴，互相拥抱，互相亲吻，与他一起玩耍，与他并肩通行，与他一起分享幸福。快乐是一种连接性的态度，就好比伸向同伴的一只手，就好比温暖从一个人身上辐射到另一个人身上。在这种情感中，存在着所有连接性的因素。当然，我们这里讨论的也是这样一种人，他们企图克服不满足感或孤独感，这样他们就能沿着与上述相同的路线行进，从而获得一定程度的优势。其实，克服障碍的一种最好的表现方式或许就是快乐了。欢笑总是与快乐形影相随，它总能使人感到松弛并给人以自由的力量，通过这些我们可以对这种情感有一个更好的认识。它超越了个体人格的界限，并与对他人的同情紧密联系在一起。

当然，个人的目的也可以通过误用这种欢笑或这种快乐而达到。所以，当一个害怕产生自卑感的病人听到某地发生地震的消息时，脸上也可以显示出欢乐的神态。当他感到悲伤时，他常常会觉得没有力量，所以，他会尽力摆脱悲伤的困扰，企图达到悲伤情感的反面——欢乐。另一种对欢乐的误用是在他人痛苦的时候把欢乐表现出来，也就是幸灾乐祸。在不适当的时间和地点所表现出来的欢乐，实质上是对社会感的排斥和破坏，是一种分离性的情感，更是征服的工具。

B. 同情

社会感最纯粹的表现，就是同情。一般而言，我们只要在一个人身上发现同情，我们就可以得出他的社会感已形成的结论，因为此时我们可以对一个人在多大程度上认识自我与其伙伴的同一性作出判断。

也许，人们习惯上对同情的误用，比这种情感本身更为广泛。个体会佯装具有很广泛的社会感，但这从本质上讲是非常夸张的。所以，一些个体会闯入一个灾难现场，以便让自己的名字出现在报纸上从而获得一种廉价的名声，然而他们却不会真的为那些遭受灾难的人做些什么。还有一些人似乎有一种追究别人不幸的欲望。我们必须把那些以同情他人、乐善好施为己任的人和他们的行动联系在一起加以看待，因为他们实质上是在借此制造一种优越感，以此来显示他们凌驾于那些悲惨可怜的、接受他们帮助的人之上。一位对人有着深刻了解的智者拉·罗什福柯（LaRoche Foucault）曾这样说："我们总能从朋友的不幸之中，得到一定程度的心理满足感。"

看上去，企图将这种现象与我们对悲剧的欣赏联系在一起是不正确的。据说，与舞台上的悲剧角色相比，观众会感觉自己的心地更为善良。但由于我们想获得自我认识和自我教育的渴望，是我们对一部悲剧的兴趣的主要来源，故而这种看法对大多数人来说并不适合。我们要记住，这仅仅是一出戏，而且，我们也只是在用戏中的行动额外地促进我们对生活的准备。

C. 谦逊

谦逊是一种同时含有连接性和分离性的情感。这种情感同样是我们社会感结构的组成部分，它与我们的精神生活是密不可分的。人类社会不可能在没有这种情感的情形下而存在。当一个人的人格看起来似乎要沉没时，一个人有意识的自我评估很可能要丧失时，就会产生这种情感。这种情感会在人的生理上形成强烈的反应，具体可以表现为面颊发红，这是由于毛细血管的扩张和充血所致。一般人只会脸红，但有些人则全身都会发红。

从外在来看，谦逊是一种退缩、撤离的态度。这是一种意欲与人隔离的姿态，还伴随着一种轻微的抑郁，这种压抑等于是为逃避具有威胁的情形所做的准备。双目低垂和扭扭捏捏都是准备逃离的征兆，从中可以明显地看到谦逊是一种带有分离性因素的情感。

谦逊也如同其他情感一样，可能遭到误用。一些人动不动脸色就会发红，他们的这种分离性特征使他们与伙伴之间的所有关系都受到了毒害。由于这种误用的存在，当其作为一种隔离机制时，它的作用就会表现得非常明显。

附　录

教育总评

让我们在这里就我们前面已经提到的一个问题再进行一些附带的论述。这个问题就是在一个人的成长过程中，家庭、学校和生活教育对心灵所产生的影响。

毫无疑问，目前的家庭教育极大地助长了孩子对权力的渴望和虚荣心的发展。从这方面来讲，任何人都可以从他的经验中吸取教训。的确，家庭拥有巨大的优势，我们实在想象不出还有什么比家庭更好的机构可以使儿童受到良好的照顾和教育。尤其是当遇到疾病时，家庭无疑是最适合保护人类的机构。假如父母都是不错的教育者，有能力通过自己的观察来识别他们孩子刚刚萌发的错误发展道路，并在这些错误初露端倪的时候就能够依靠适当的教育将其消灭在萌芽状态，那么，我们就必须要承认，在培养、保护健全的人类问题上，没有哪个机构会比家庭更合适的了。

但是，很遗憾，父母不是优秀的心理学家，也不是优秀的教师。在目前的家庭教育中，似乎是父母以自我为中心的病态私欲通过各种方式发挥着主要作用。这种病态的私欲要求自己家庭的孩子受到特殊的培养和教育，甚至不惜牺牲其他孩子的利益。因此，从心理学的角度来看，家庭教育向儿童灌输了一种错误的观念，从而犯下了很严重的错误，这种错误观念认为，他们比其他所有人都优秀，他们自己才是最出类拔萃的。任何以父权观念为基础而建立起来的家庭组织都不能摆脱这种思想的困扰。

现在，悲剧就出现了。这种父权与社会感和人类共同意识是格格不入的，它会使个体公开或秘密地反抗社会感。当然，反抗从来不会在公开的场合进行。权威教育存在着巨大的弊端，它给儿童树立了一种权力的榜样，并把与权力联系在一起的各种享受展示在儿童面前。所有的儿童都生活在对支配权的贪婪渴求中，对权力充满野心，并极力追求虚荣。今天，每个儿童都渴望独占鳌头、受到尊敬，他们或迟或早都会要求别人对他恭敬和顺从，就像在其生长的环境中所看到的那样，所有人都匍匐在拥有最高权力的个体脚下，百依百顺。正是由于儿童的这种错误的观念，才会导致他们对父母或他人及整个世界的好战态度。

在这种家庭教育的影响下，对儿童来说，不可能做到对优势目标视而不见。在一些喜欢扮演“大人物”的幼儿身上就可以看到这一点，于是，在之后的成长过程中，个体的思想和对童年有意或无意的回忆显示出，他们对整个世界与他们的家庭抱有相同的态度。如果有人反对他们的态度，他们就倾向于逃离这个在他们看来已经非常可恶的世界。

的确，家庭也有利于社会感的发展。然而，如果考虑到家庭中权力追求的影响和家庭权威的压力，我们就可以看到，这种社会感只能在一定的程度上得到发展。最早的对爱和温情的渴望是和母亲在一起时产生的。或许，这是儿童所拥有的最为重要的体验，因为在这种体验中，儿童可以意识到存在另一个完全值得信赖的人。他明白了“我”和“你”之间的差异。尼采曾说：“每个人都以他和母亲的关系为原型塑造出所爱的人的形象。”裴斯泰洛齐也作出过说明，母亲是决定儿童将来与世界关系的理想典范。实际上，儿童与母亲的关系对其之后的一切活动都具有决定作用。

母亲的职责所在就是发展儿童的社会感。我们可以看到，在儿童中产生的怪异人格都源自于他们与母亲的关系，而且，这种人格的发展方向可以作为考察其母子关系的一条重要的线索。只要母子之间存在着扭曲的关系，那么，在儿童心理中发现不同程度的社会缺陷就是在所难免的了。有两种错误最为普遍：第一种错误源于母亲无法实现其自身对儿童肩负的职责，儿童的社会感没有得到丝毫的发展。这是一种十分重要的缺陷，它可能会引起随之而来的、一系列使人感到不愉快的后果。这样的儿童就像是在敌对环境中成长起来的异邦人。假如人们很想对这样的儿童施以援手的话，那么别无选择，只能去重新扮演他母亲的角色，以此来弥补儿童在其发展的过程中以某种方式失去了的东西。这就意味着，这是唯一能使他成为一个同伴的方法。第二种错误的出现可能更加频繁，它就是：母亲虽然履行了她的职责，发挥了她的功能，但其职责却发挥到了如此夸张、过分的程度，以致儿童完全不能把社会感超越母亲的范围而转移和投射到他人身上。这样的母亲让儿童已经发展起来的感情完全释放到她自己身上，也就是说，这样的儿童只对自己的母亲感兴趣，而将世界上的其他人都拒之于千里之外。毫无疑问，这样的儿童完全不具备成为一个合格的社会人应有的基础。

除了与母亲的关系之外，在教育中还存在着许多其他因素，发挥着至关重要的作用。充满快乐的幼儿园生活能使儿童顺利发现融入世界的方法。假如我们没有忘记，在生命一开始的那些岁月里，大部分儿童都不得不面对各种各样的困难，并与种种难以克服的障碍进行斗争，然而能使自己与世界相协调一致的儿童少之又少，能找到一个幸福快乐居所的儿童同样也少得可怜，如此一来，人们就不难理解，对儿童来讲，早期的记忆和印象具有多么重大的意义。这些对儿童未来的成长历程也会发挥至关重要的作用。如果我们再进一步研究就会知道，有许多儿童刚一出生在这个世界上就体弱多病，他们所体验到的大部分都是痛苦和悲伤，此外，有许多儿童没有进入能够给他们提供幸福的幼儿园，那么，我们就能更加准确地理解，为什么大部分的儿童长大成人后并不能成为生活和社会的朋友，同时也不会具有真正的在人类共同体中如鲜花一般盛开和发展起来的社会感。而且，我们必须对教育中特别重要的错误提起高度注意。过于严厉的权威性教育可能会扼杀儿童在生活中可能获得的所有欢乐，同样地，如果教育为儿童扫清了道路上会遇到的所有障碍、使儿童变成在温室中成长的弱不禁风的花朵，或者说在事前为儿童做好了一切安排，那么当他长大成人之后，他就不可能在离开家庭温暖气氛的严寒和酷暑的环境中很好地生活。

由此，我们可以看到，在我们的社会和文明中，家庭教育的意义在于发展起那些我们所渴望的对人类社会有价值的同志式的同伴，但遗憾的是这一作用没有得到有效地发挥。对于个体来说，这种教育所培养出的只是太多虚荣的野心和个人无穷无尽的欲望。

那么，存不存在能够补偿儿童发展中的错误，并使儿童发展条件得到改善的可能性呢？答案无疑是肯定的，这就是学校。然而，细致的研究表明，在目前这种情形下，学校也不适于完全承担这项任务。如今，没有哪个教师愿意承认，他可以识别儿童身上的人性错误，并可以在目前的教学条件下对这些错误给予纠正。他的任务只是照本宣科，教授给儿童一定的课程，从来没有关心过儿童身上人性要素的发展。事实上，在学校中有太多的儿童变得不如从前了。

难道就不存在其他的方法可以消除家庭教育的缺陷、纠正家庭教育的错误吗？有人或许会建议说，生活本身就可以提供这种方法。然而，生活也具有它特殊的局限性。生活本身并不能塑造一个人，虽然它有时看起来可以做到。人所固有的虚荣和野心将使这一点不可能得到实现。无论一个人犯了多少错误，他都只会责备其他的人，或是认为在他当时的处境下，错误是无法避免的。我们可以看到，没有什么人会硬用自己的头颅和生活碰撞，也没有什么已经承认错误的人会将这些错误完全抛到九霄云外。在前一章里我们对经验误用的讨论就能很好地证明这一点。

生活本身不能使人发生任何实质性的变化。从心理学上来看，这是不难理解的，因为与生活相关的都是人类已经完成的产品，而此时那些拥有自己清晰目标的人类，都在为追求权力而不懈地努力。恰恰相反，生活是所有教师中最糟糕的那一位。生活不会为我们设想，生活不会向我们发出警示，生活不会对我们进行教导，它只是简单地、无情地排斥我们，并让我们走向毁灭。

我们只能得出这样一个结论：唯一能够使人类发生改变的机构还是学校！学校还存在使这种改变成为现实的可能性，如果它的职能没有被误用的话。到目前为止，学校的情形一直都是这样的：将学校掌握在自己手中的个体会把学校变为满足个人虚荣和野心的手段。当前，我们常会听到这样的叫嚣，应该在学校中重新恢复旧式的权威。然而旧式的权威有没有在学校中造成过什么好的结果呢？一种已经总是被认为是有害的权威怎么会顷刻之间就变成富有价值的东西了呢？当我们亲眼看到家庭中的权威曾经导致的唯一一件事情就是普遍的反抗的时候，学校中的权威又会具有什么样的好处呢？任何不是依靠自身的内在价值而必须通过强制手段来获得认可的权威绝对不是真正的权威。太多的儿童来到学校都会有这样一种看法：教师只不过是国家的雇员罢了。把一种权威强加在儿童头上而不会造成心理发展上的不幸后果是不可能做到的。权威不能仅靠强力加以维持，它必须建立在社会感的基础之上。对任何一个儿童来说，学校是他精神发展历程中必不可少的场所。所以，它必须能够满足健康的精神成长的要求。只有当学校与健康的精神发展的需要保持一致的时候，我们才可以说这是一个良好的学校，也只有这样的学校在我们看来才是社会生活中不可或缺的学校。

结　论

我们在本书中曾经力图表明：人的心灵源自于一种具有遗传性的因素，它既具有生理性的功能，又具有心理性的功能。社会的影响对心灵的发展发挥着决定性作用。一方面，有机体的各种需求必须能够得以实现；而另一方面，人类社会的要求也一定要获得满足。心灵在这种环境中获得了发展，同时，心灵的成长必须通过这些条件才能得到说明。

我们对这种发展作出了进一步的考察，同时还探讨了感知、回忆、情绪和思维的能力和功能，最后，讨论的是性格和情感的特征。我们已经说明：所有这些现象都是通过密不可分的纽带联系在一起的，一方面，它们受到共同生活法则的制约；另一方面，个人对权力和优势的追求也会对它们产生影响。这样一来，它们用一种特殊的、富于个性的并且是唯一的方式表现出来。我们已经说明了个体对优越地位的追求，依据其在具体的情形中的发展程度，如何受到社会感的制约，并如何引发各种特殊的性格特征。这些性格特征绝不是源自于遗传，而是在与那些处于心理发展的源头和起点的各种心理模式相协调的过程中发展起来的，与此同时，这些性格特征也会以一致的方向把个人引向或多或少有意识地存在于个体心中的目标。

有一些性格特征和情感因素是理解一个人极为重要的指标，对此我们已经做出了详细的阐述，但同时，我们却忽视了其他一些不那么重要的指标。我们已经表明：就个体对权力的追求而言，在每个人身上肯定会表现出某种程度的虚荣和野心。在这些表现中，我们可以清晰地看到个体对权力的追求和追求时所采取的活动方式。我们也已经说明：野心和虚荣心的过度膨胀如何阻碍了个体的正常发展。在这样的情形中，社会感的发展要么受到了很大的阻碍，要么根本就不会有任何发展的可能。野心和虚荣这两个特征所产生的干扰性影响，不仅会使社会感的成长遭到抑制，而且，那些充满权力渴望的个体还将在其指引下导致自身的毁灭。

在我们眼中，这种精神发展的法则似乎是不容置疑的。它是一个至关重要的指标，任何希望有意识地、公开地把握自己命运的人，任何不愿意使自己成为阴暗和秘密倾向的牺牲品的人都要接受这一指标的衡量。这些研究是人性科学的试验，离开了这些研究，人性科学就不能得到发展。我们认为，了解人性对我们任何人来说都是非常重要的。此外，对人性科学的研究，是人类心灵中最重要的活动，对每个人也同样是不可或缺的。